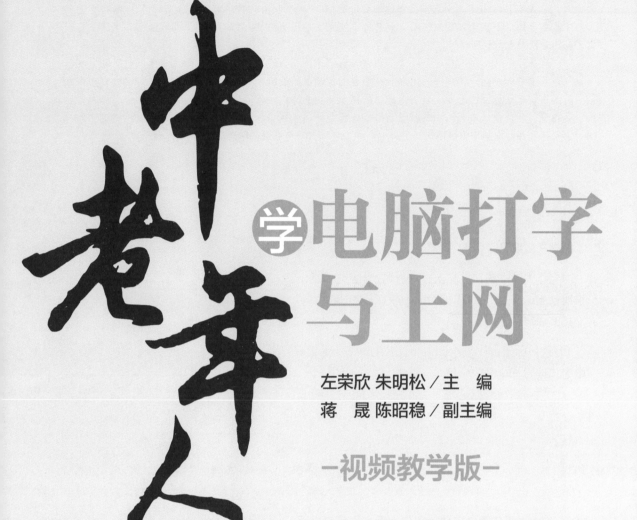

中老年人学电脑打字与上网

左荣欣 朱明松／主　编

蒋　晟 陈昭稳／副主编

－视频教学版－

U0304813

中国铁道出版社
CHINA RAILWAY PUBLISHING HOUSE

内 容 简 介

　　本书是一本帮助中老年人快速学会电脑打字与上网操作的书籍，主要内容包括电脑打字的准备工作、拼音输入法的使用、五笔打字的操作、上网的基本知识、网上即时通信与交流工具以及网上支付与理财等。

　　本书在内容的写作上从中老年人的实际需求出发，选取的都是中老年人在电脑打字和上网过程中常涉及的、感兴趣的内容。在语言的表述上，没有使用晦涩难懂的专业术语，所有知识的讲解都从易读性出发，以清晰地讲解搭配翔实的操作步骤的方式来呈现，力求让中老年人看得懂、学得快。本书特别适合没有基础、想要快速掌握电脑打字和上网的中老年人，离退休人员以及其他电脑初中级用户，另外也可作为老年大学培训班的辅助教材。

图书在版编目（CIP）数据

中老年人学电脑打字与上网:视频教学版/左荣欣，
朱明松主编.—北京：中国铁道出版社，2018.9
　ISBN 978-7-113-24753-9

　Ⅰ.①中… Ⅱ.①左… ②朱… Ⅲ.①电子计算机—
中老年读物　Ⅳ.①TP3-49

　中国版本图书馆CIP数据核字（2018）第157799号

书　　名：中老年人学电脑打字与上网（视频教学版）
作　　者：左荣欣　朱明松　主编　蒋　晟　陈昭稳　副主编

责任编辑：张亚慧　　　　　　　　　读者热线电话：010-63560056
责任印制：赵星辰　　　　　　　　　封面设计：MXK DESIGN STUDIO

出版发行：中国铁道出版社（100054，北京市西城区右安门西街8号）
印　　刷：北京铭成印刷有限公司
版　　次：2018年9月第1版　　2018年9月第1次印刷
开　　本：787mm×1092mm　1/16　印张：14.25　字数：248千
书　　号：ISBN 978-7-113-24753-9
定　　价：59.00元（附赠光盘）

看你们年轻人每天玩电脑玩得很起劲儿，我现在每天在家也没什么事儿干，也想学用电脑上上网。但现在年龄大了，记忆力也大不如从前了，自己也只会手写，不会键盘打字，想了想还是算了，估计学也学不会。

爷爷，其实学会电脑打字和上网并没有您想的那么难，您首先不能有畏惧心理，其次要敢于亲自动手去试试。当然，要想快速学会，您还得找一位"好老师"。我这里有本《中老年人学电脑打字与上网（视频教学版）》，您看，这里面的内容正是您需要的。

第1章 中老年人学打字与上网基础必备
第2章 中老年人怎样做好电脑打字准备
第3章 简单易学的拼音输入法 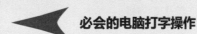 **必会的电脑打字操作**
第4章 学会五笔打字前应掌握的基础
第5章 中老年人快乐学会五笔打字

电脑上网和安全防护
第6章 中老年人开启网上生活第一步
第7章 与老朋友网上即时通信与交流
第8章 网络新生活，让晚年日子更精彩
第9章 开启中老年网上支付与理财生活
第10章 电脑上网安全防护和故障排除

看起来挺适合我的，既教了电脑打字，又教了上网。

当然，这本书是专为像您这样的中老年人编写的。您看，所有内容都使用了详细的操作步骤进行图解式的讲解，您可以照葫芦画瓢，不究理论，一步一步照着书来进行操作，这样您还担心学不会吗？除此之外，这本书还具有一些适合你们中老年人阅读的特色。

PREFACE 前言

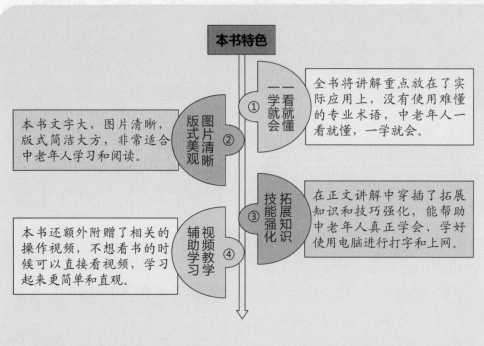

本书特色

① 一学就会 看就会懂　全书将讲解重点放在了实际应用上，没有使用难懂的专业术语，中老年人一看就懂，一学就会。

② 图片清晰 版式美观　本书文字大，图片清晰，版式简洁大方，非常适合中老年人学习和阅读。

③ 拓展知识 技能强化　在正文讲解中穿插了拓展知识和技巧强化，能帮助中老年人真正学会、学好使用电脑进行打字和上网。

④ 视频教学 辅助学习　本书还额外附赠了相关的操作视频，不想看书的时候可以直接看视频，学习起来更简单和直观。

 确实不错，我可以把这本书借回去吗？我现在迫不及待想打开电脑照着书学习了。

 当然可以，如果您身边的朋友也想学电脑打字和上网，您还可以把这本书推荐给他们，帮助他们也学会电脑打字和上网，以下是适合这本书的读者对象。

 对电脑上网有一定了解，但不精通的50、60和70多岁的中老年人

 正在电脑培训班学习电脑基本操作的学员

 想要丰富业余生活的离退休人员

 中小学文化水平的工作者

第1章 中老年人学打字与上网基础必备

第2章 中老年人怎样做好电脑打字准备

第3章 简单易学的拼音输入法

ONTENTS 目录

第6章 中老年人开启网上生活第一步

第7章 与老朋友网上即时通信与交流

第10章 电脑上网安全防护和故障排除

第1章

中老年人学打字与上网基础必备

学习目标

因为电脑与网络的日益普及，越来越多的中老年朋友开始对电脑打字及上网感兴趣了。不过在正式学习前，要首先了解一些打字与上网的基础知识，以便日后操作起来得心应手。本章将对鼠标、键盘、打字姿势及入网方式进行系统讲解。

要点内容

- 认识常用的两种鼠标
- 如何握好鼠标
- 需要掌握哪些鼠标操作
- 键盘的布局及功能键作用
- 掌握正确的打字姿势及击键方式
- 键盘的手指分工
- 安装打字软件练习指法
- 趣味打字游戏，边玩边练习
- 网络运营商有哪些
- 如何选择入网方式

1.1

鼠标，电脑打字的辅助工具

  小精灵，要在电脑上开始进行打字，我应该先做些什么呢？是不是先要练习指法？

  爷爷，不要这么着急哦，在打字前我们首先要了解最基础的电脑操作工具，比如鼠标，要知道鼠标有好几种基本的操作功能哦。

鼠标是电脑的一种输入设备，因外形像老鼠而得名。通过鼠标我们能对电脑进行各种各样的操作，比如定位位置，打开软件、关闭窗口，选择相关内容等，所以了解鼠标是非常有必要的。

1.1.1 认识常用的两种鼠标

鼠标的种类有很多，这里只介绍两种基本类型，一种是有线鼠标，另一种是无线鼠标，两种鼠标各有好处。

[跟我学] 认识有线鼠标和无线鼠标

有线鼠标操作起来稳定、失误小，从外观结构来看只比无线鼠标多了一根起连接作用的数据线。而无线鼠标摆脱了连接线的束缚，操作起来更自由。但无线鼠标需要通过电池来供电，所以使用成本较大，如图1-1所示的是无线鼠标的外形和内部结构。

图1-1

为了自如地操作电脑，要对鼠标的基本结构进行了解。市面上常用的鼠标都是光电鼠标，光电鼠标的正面结构包括左右两个按键和一个可滚动的滚轮，如1-2左图所示。背面结构包括中间的光电感应区，能准确定位到电脑的各个位置，如1-2右图所示。中老年朋友大多选择三键鼠标进行基础的操作即可。

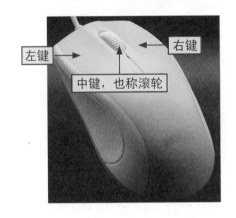

图1-2

1.1.2 如何握好鼠标

在了解了鼠标的基本结构后，如何正确地握持鼠标呢？根据面对电脑的姿势，大多数人都是用右手握持鼠标，操作起来更方便。一般来说，有两种握持鼠标的方式。

[跟我学] 握持鼠标的两种方式

● **趴式握鼠标=掌握** 手掌掌心全部与鼠标背部贴合，大拇指、无名指与小拇指自然伸直共同操作鼠标。食指和中指自然平放在鼠标左右键两键上。点击按键时，指腹与按键接触。移动时，手腕随鼠标移动，手部不易疲劳，依靠手腕运动，可长时间操作。如1-3左图所示。一般来说，大多数人操作鼠标时都使用的是这种方式。

● **后位式捏鼠标=抓握** 大拇指、无名指和小拇指握在鼠标侧面偏后位置。食指和中指微微弯曲搭在左右两键上。鼠标背部与尾部不与手掌发生接触。鼠标左右移动时，以手腕为支点左右摆动。上下移动时，手腕不动，靠大拇指和无名指的屈伸，使鼠标在掌心内滑动。如1-3右图所示。针对体积小或笔记本的鼠标可选择这种握持方式，便于操作。

图1-3

正确地握持鼠标，可以减轻手部的疲劳，中老年朋友不但能轻松自如地操作，也能有效地提高鼠标操作的正确性。

1.1.3 需要掌握哪些鼠标操作

鼠标的基本操作有5种，分别是单击、双击、右击、拖动和滚动。使用的情况以及具体的作用各有不同，下面我们分别进行详细讲解。

[跟我学] 鼠标的5种基本操作

● **单击** 单击是指将鼠标光标移到指定对象上，食指快速按下鼠标左键并立即释放。此操作用于选择对象或在菜单中执行命令，如1-4左图所示。在同一位置，选择的对象会与未被选择的对象有所区别，如1-4右图所示。

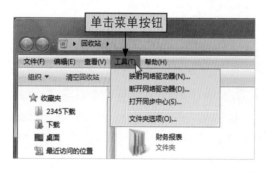

图1-4

● **双击** 双击是指将鼠标光标移到指定对象上，食指连续两次快速执行单击的操作。此操作主要用于执行某个应用程序，或是打开文件及文件夹窗口，如1-5左图所示为通过双击操作打开窗口的效果。在一些文本编辑程序中，双击的操作也用于选择文本，如1-5右图所示为通过双击操作选择"生活"词组的效果。

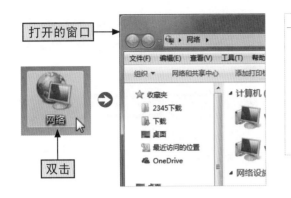

图1-5

●右击 右击是指将鼠标光标移动到指定对象上，中指快速按下鼠标右键并立即释放。此操作常用于打开对象的快捷菜单。如图1-6所示。

●拖动 拖动是指在需要操作的对象上，按住鼠标左键不放并移动鼠标，当对象移动到目标位置后，再释放鼠标左键。此操作常用于改变对象的位置，如图1-7所示的是通过鼠标拖动将"网络"图标移动到下方图标的右侧。

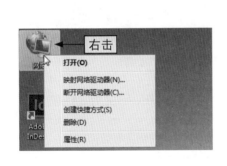

图1-6

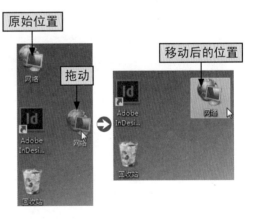

图1-7

●滚动 在具有滚动条的页面和窗口中，向前滚动鼠标滚轮，屏幕内容向上滚动；向后滚动鼠标滚轮，屏幕内容向下滚动。也可以按一下鼠标滚轮，鼠标光标将以多向箭头形状形式呈现，移动鼠标方向可使屏幕内容向鼠标光标指向方向移动，如图1-8所示。

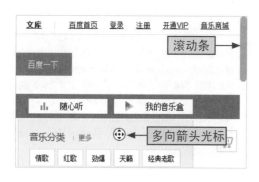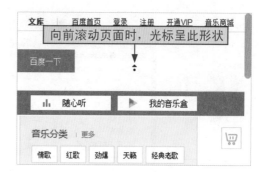

图1-8

 拓展学习 | 鼠标光标的形状变化

鼠标在电脑桌面的显示(即光标)是中老年朋友需要知道的,在移动鼠标时,鼠标的光标会根据不同的状态和位置显示不同的形状,代表不同的含义,具体的形状及含义如表1-1所示。

表1-1

鼠标光标 形状	代表含义
⌖	正常选择,是鼠标最常见的形状,指向选项或者命令时都显示为此形状
⌖?	帮助选择,表示当前状态下,单击某个对象可以获取相关的帮助信息
⌖○	后台运行,表示系统正在后台执行某个操作,需要使用者等待
○	电脑运行繁忙,表示系统正在执行某个程序或者操作,此时不能执行其他操作
I	文本选择,表明此时可用鼠标拖动选择文本,如在Word中文本的选择
⊘	不可用标志,表示当前操作不能执行
↕	上下调整大小,一般位于窗口上下边缘时会出现此形状
↔	左右调整大小,位于窗口左右边缘时会出现此形状

续表

鼠标光标形状	代表含义
⤡	沿对角线调整大小，位于窗口左上角和右下角时出现此形状
⤢	沿对角线调整大小，位于窗口右上角和左下角时出现此形状
✥	移动，表明当前状态下可对指定的对象进行拖动，改变其位置
🖐	链接选择，表明鼠标光标当前指向的是超链接

1.2 学好打字，键盘的使用非常关键

小精灵，鼠标的用法也不是很难呀，现在我是不是可以开始了解一些更复杂的操作了，我已经等不及啦！

没错，爷爷，鼠标的操作的确很简单、很基础。现在我们要从键盘入手了，首先要了解键盘的布局，将来才能掌握正确的键盘指法，一起来看看吧。

键盘是汉字输入的硬件条件，在正式开始练习打字前，键盘的布局要做到全面了解。另外要学习基本的指法和打字姿势，这样在打字时才不会觉得好像什么都做不好。

1.2.1 键盘的布局及功能键作用

键盘布局都遵循一定的规则，标准键盘一般是指具有最基本功能的键盘。键盘的种类有很多，根据按键不同有101键、104键和107键3种，不过一般常用的是104键的，其布局如图1-9所示。

图1-9

虽然键盘的外形不同，但键位却大同小异，根据每个按键的不同功能，我们将其分为5个区域，如图1-9所示。1号区域是功能键区，2号区域是主键盘区，3号区域是编辑键区，4号区域是数字键区，5号区域是状态指示灯区。下面分别对这几大区域进行具体讲解。

[跟我学] 键盘的几大分区

● **功能键区** 功能键区位于键盘最上方，主要用于辅助完成各种特殊操作，由【Esc】键、【F1】～【F12】键和3个特殊功能键组成。如图1-10所示。各键位的功能如表1-2所示。

图1-10

表1-2

按键	功能
PrtScr SysRq	截屏键，按下该键可以将当前屏幕以位图的形式截取到剪贴板中，再粘贴到支持位图的程序中进行编辑
Scroll Lock	滚动锁定键，如果在Excel中按下该键，然后按上、下方向键，会锁定鼠标光标而滚动屏幕，再按下该键后按上、下方向键，会上下移动光标位置
Pause Break	中断暂停键，可终止某些程序的运行
Esc	也称取消键，位于功能键区左侧，一般用于退出程序或放弃当前操作

续表

按键	功能
F1～F12	这组键位在不同的应用程序中有不同的功能，如在Windows 7的桌面按【F5】键可执行刷新操作等

● **主键盘区** 主键盘区是键盘使用最频繁的一个区域，也是包含键最多的一个区域，可用于中文、英文、字母及符号的输入，此区域包含字母键、数字键、符号键、控制键（位于主键盘区的左右两侧，通过它们可完成一些特定的操作）和空格键，如图1-11所示。各按键的作用如表1-3所示。

图1-11

表1-3

按键	功能
Tab	制表键，通常用于转到下一个文本输入框或在文字处理中用于对齐对象
Caps Lock	大写字母锁定键，按下该键，对应的指示灯会点亮，此时可输入大写字母
Alt	交替换挡键，与【Ctrl】键类似，一般不单独使用，与其他键组合使用
Ctrl	控制键，一般不单独使用，和其他按键结合使用，形成一些快捷键或完成特定操作，比如【Ctrl+C】组合键可用于快捷复制文本
Shift	上档选择键，一般与数字键和符号键结合使用，用来输入上档字符；与字母键配合使用可切换英文字母的大小写
⊞	"开始"菜单键，按下该键会弹出"开始"菜单
Backspace	退格键，按下该键可删除已经录入的文字（即文本插入点左侧的一个字符）

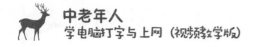
续表

按键	功能
Enter	回车键，主要用于确认并执行命令，还可用于文本换行操作
📋	快捷菜单键，按下该键会弹出鼠标光标对应位置的快捷菜单
A～Z	即一组字母键，共包含26个英文字母，每个按键对应一个英文字母，可输入大小写字母或中文
0～9	即一组数字键，共包含10个数字，主要用于输入数字
符号键	包含一些常用的标点符号，主要集中在主键盘区右侧，用于输入常用的标点符号，如逗号、句号等
空格键	位于主键盘区的最下方，上面无标记符号，用于在当前文本中空出一个空位符，可与控制键一起使用

● **编辑键区** 编辑键区位于主键盘区和数字键区之间，由4个方向键和6个光标控制键构成，一是对文本插入点的位置进行控制，二是做一些特殊操作。如图1-12所示。左图的方向键用于调整文本插入点的位置，右图的键用于一些特殊的操作，具体作用如表1-4所示。

图1-12

表1-4

按键	功能
Page Up	向上翻页键，按下该键可以使屏幕翻到前一个页面
Page Down	向下翻页键，按下该键可以使屏幕翻到后一个页面
Insert	在写字板和Word等文字处理软件中，按下该键可以在插入和改写状态之间进行切换
Home	按下该键可以将文本插入点移动到文本当前行的行首（即最左侧），按【Ctrl+Home】组合键可将文本插入点移动到文本的第一行行首

续表

按键	功能
End	与【Home】键的功能相反，按下该键可将文本插入点移动到文本当前行的最右侧，按【Ctrl+End】组合键可将文本插入点移动到文本的末行行尾
Delete	删除键，按下该键可以删除文本插入点右侧的一个字符，或对当前选择的对象进行删除
方向键	包括上、下、左、右4个键，将文本插入点向按键标识的方向移动一个字符，在放映PPT或浏览照片时，使用这些按键可以进行翻页

● **数字键区** 数字键区位于键盘的右侧，由【0】～【9】键这10个数字键、四则运算符键、【Enter】键、【.】键和【Num Lock】键组成，其主要功能是快速输入数字，并进行一些简单的计算，如图1-13所示。除数字键外，其他键可进行四则运算及特殊操作，具体作用如表1-5所示。

图1-13

表1-5

按键	功能
Num Lock	用于对数字键区中的双字键符的上下档进行切换
/	除号，用于进行除法运算
*	乘号，用于进行乘法运算
-	减号，用于进行减法运算
+	加号，用于进行加法运算
Enter	用于换行或执行确认操作，与主键盘的【Enter】键相同

● **状态指示灯区** 状态指示灯区位于键盘右上角，用于指示当前键盘对应区域处于何种输入状态。由3个提示灯组成，分别是【Num Lock】、【Caps Lock】和

【Scroll Lock】。注意这些指示灯无按键功能，只表示状态，按下键盘上相应的键会点亮对应指示灯。

以上就是键盘的布局情况以及各区域的功能键作用，中老年朋友大致了解一下就可以在实际操作中慢慢熟悉了。

1.2.2 掌握正确的打字姿势及击键方式

在正式开始练习打字前，中老年朋友对于打字姿势及击键技巧了解得多吗？要知道为了高效地完成汉字输入，最大程度地保持轻松，需要掌握正确的打字姿势以及击键方式。那么下面一起来看看这两个方面的具体内容吧！

[跟我学] 采用标准的打字姿势及击键方法

● **打字姿势** 养成良好的打字姿势，不仅可以提高打字的速度和正确率，还能减轻疲劳感，保护眼睛，那么养成正确的打字姿势应该要注意哪些问题呢？如图1-14所示。

> 1.身体端正，全身放松，双手自然地放在键盘上，腰部挺直，上身微微前倾，身体与键盘之间保持20厘米左右的距离。

> 2.眼睛距显示器的距离为30～40厘米，显示器的中心要与水平视线保持15°～20°的夹角。中老年朋友要注意保护自己的眼睛，不要长时间盯着屏幕。

> 3.两脚自然平放，大腿自然平直，小腿和大腿之间的夹角近似为90°。

> 4.双臂自然下垂，小臂与手腕略向上倾斜，手指自然弯曲轻放于主键盘区的基准键位上。

> 5.座椅的高度应配合电脑键盘和显示器的放置高度，以双手自然垂放在键盘上时肘关节与手腕儿高度基本持平为宜。另外，显示器的高度以操作者坐下后其目光水平线处于显示器屏幕上方的2/3位置为最好。

图1-14

● **击键方式** 除了打字姿势要正确，击键方法也有讲究，这样做好十足的准备才能更加准确地录入汉字。具体内容如图1-15所示。

1.手腕要平直，胳膊尽可能不动，主键盘区域的全部动作仅限于手指部分。

2.手指要保持弯曲，指尖轻轻放在按键区域中间。

3.击键前，手指要放在基准键位上；击键时，手指指尖垂直向键位按击下去，然后立即释放，力度适中；击键后，手指要迅速回到原来的基准键位上。注意不要长时间按住一个键位不放。

4.左手击键时，右手手指应放在基准键位上保持不动；右手击键时，左手手指应放在基准键位上保持不动。

5.在不断地练习中要尽量克服看键盘的习惯，慢慢练习，久而久之不用看键盘也能准确进行打字操作了。

图1-15

1.2.3 键盘的手指分工

从前面了解到的击键要领来看，中老年朋友应该也清楚在使用键盘打字时，并不是随便按键的，每个手指都有自己固定的击键范围。

[跟我学] 主键盘的8个手指分区

主键位区分为8个区域，除拇指外，其余8根手指各负责一个区域，如图1-16所示。

图1-16

如图1-16所示，在主键盘区有8个基准键位，分别是【A】、【S】、

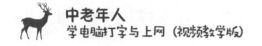
【D】、【F】、【J】、【K】、【L】、【;】，打字时在非按键情况下手指要放置在这些键位上。如图1-17所示。

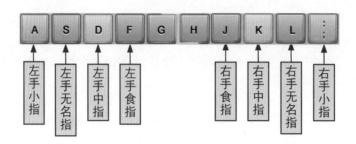

图1-17

　　准备打字时，将左手的食指放在【F】键上，右手的食指放在【J】键上，其他手指按顺序分别依次放在相邻的基准键位上，双手大拇指放在空格键上。对于初学的中老年朋友来说，在进行指法练习的时候，必须要严格按照指法分区的规定进行练习，养成良好的习惯，避免用一根手指进行操作，因为坏习惯一旦养成就很难改变。

拓展学习 | 基准键小窍门

基准键中的【F】键和【J】键被称为"基键"，其键位上各有一个突起的小横杠，用于左、右手定位。

1.3 指法练习，学会盲打的必修课

　　小精灵，虽然学习了键位和击键方法，但是打字的速度还是提不起来，打字之前都要想一下按哪个键，快帮我想想有什么办法。

　　爷爷，这是因为您对指法不熟悉的缘故，可运用一些基本的打字工具进行练习，这样可以提高对键盘的熟悉度以及打字的速度。

经验来自于实战，要想真正学会打字，首先要通过不断实践来巩固所学的知识，这样就需要用到一些专门用于打字练习的软件。

1.3.1 安装打字软件练习指法

要通过打字软件来练习指法，首先要在电脑中安装该软件，以市面上比较好用的金山打字通为例。该软件可以进行键位练习、单词练习和文章练习，下面来看看如何安装。

1.安装金山打字通

首先要在网页上进行下载，有关安装程序的下载这里略过。直接从安装包开始讲解软件的安装，步骤如下。

[跟我做] 安装金山打字通的步骤

步骤01

在电脑中找到金山打字通安装包的保存位置，如这里打开D盘，双击金山打字通安装程序图标。

步骤02

在打开的"金山打字通2016安装"向导对话框中进行安装操作，单击"下一步"按钮。

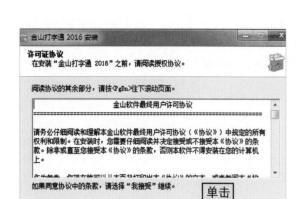

在安装向导中单击"我接受"按钮，同意接受软件的用户许可协议。

❶在安装向导对话框中会推荐安装其他软件或插件，如这里推荐安装WPS软件，如果不需要安装这些软件，直接取消选中对应的复选框，❷单击"下一步"按钮。

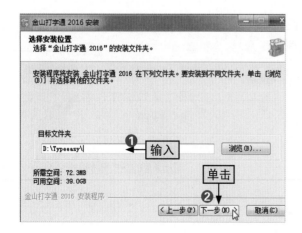

❶在打开的"选择安装位置"对话框中设置软件的安装位置，这里直接在"目标文件夹"文本框中将盘符"C"修改为"D"（也可以单击右侧的"浏览"按钮，在打开的对话框中选择文件的安装位置），❷单击"下一步"按钮。

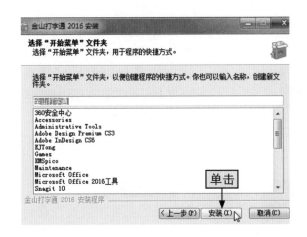

步骤06

在打开的对话框中保持默认设置，单击"安装"按钮，开始自动安装程序。

步骤07

❶在打开的正在完成安装向导对话框中取消选中两个复选框，不查看金山打字通的新特性和不创建爱淘宝桌面图标，❷单击"完成"按钮完成整个操作。

根据程序提示完成金山打字通的安装，接下来就可以应用该软件进行指法练习了。

2.运用金山打字通练习指法

首先进入金山打字通，在主界面会出现4个不同分区，分别是"新手入门"、"英文打字"、"拼音打字"和"五笔打字"。利用这几个分区我们可以从不同的角度进行指法练习，由于中老年朋友才刚开始接触打字，所以我们首先选择"新手入门"，操作步骤如下所示。

[跟我做] 在自由模式下进行指法练习

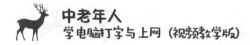
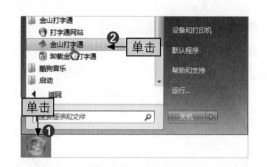

步骤01

❶单击"开始"按钮，❷在弹出的菜单中选择"所有程序/金山打字通/金山打字通"命令启动该程序。

步骤02

在打开的界面中可以查看到打字练习的4个入口，这里单击"新手入门"按钮。

步骤03

❶此时程序将打开"登录"对话框（安装金山打字通软件后，首次使用该软件会要求创建昵称，以方便记录打字练习成绩），在"创建一个昵称"文本框中创建昵称，如这里输入"老张"，❷单击"下一步"按钮。

步骤04

在打开的对话框中要求绑定QQ，这里不进行绑定操作，直接单击"关闭"按钮完成登录操作。

❶程序返回到金山打字通的开始界面，再次单击"新手入门"按钮，会出现两种模式供中老年朋友选择，一般选择"自由模式"选项，❷单击"确定"按钮。

此后再使用金山打字通软件，执行步骤02后直接进入步骤06的界面，选择练习模块，不再要求中老年朋友登录和选择练习模式。

再次单击"新手入门"按钮，此时在打开的界面中有5个学习模块，第一个模块用于学习打字常识，后面4个模块用于熟悉键盘，这里单击"字母键位"模块，进入该界面

程序自动进入字母键位练习界面，在其中根据提示的一组练习字母，击打相应的键位，进行击键练习。

　　如上图所示，在最上方有一组练习字母，按照顺序进行依次练习。当前需要练习的字母会以蓝色显示，比如字母"A"呈蓝色，那么现在就要在键盘上

按下【A】键。在模拟键盘的下方有时间、速度、进度和正确率几项考核标准，可以让各位中老年朋友清楚地了解自己的练习效果及进步情况。按照这种练习模式可进入"字母键位"、"数字键位"、"符号键位"和"键位纠错"等几大模块开始练习指法。

1.3.2 趣味打字游戏，边玩边练习

除了通过金山打字通进行基础的练习，中老年朋友还可以通过该软件的打字游戏模块，边娱乐边练习，减轻练习打字的枯燥。

[跟我做] 玩"激流勇进"游戏练习指法

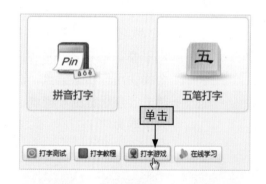

步骤01

启动金山打字通，在主界面的右下方单击"打字游戏"按钮。

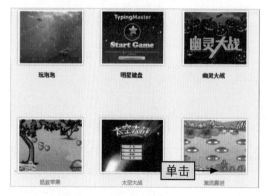

步骤02

进入"打字游戏"界面，选择打字游戏，如这里在"经典打字游戏"栏目中单击"激流勇进"超链接。

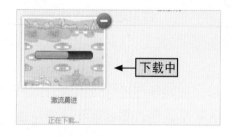

步骤03

选择该游戏后，系统会进行自动下载。

步骤04

下载完成后程序会打开游戏软件的安装向导对话框，单击"下一步"按钮。随后中老年朋友可以根据向导提示逐步完成安装操作步骤。

步骤05

❶安装好后，进入该游戏，单击"开始"按钮，❷荷叶上的单词飘到青蛙的面前后，快速击打键盘，完成相应键位的操作，即可跳到该荷叶上。

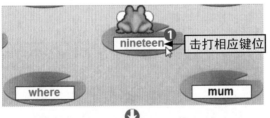

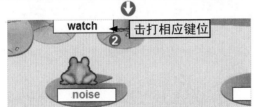

步骤06

❶输入该荷叶前方的荷叶单词，跳到另一个荷叶上，❷按照这样的方式到达对岸的荷叶上，这里输入单词"watch"，就完成了整个过程。

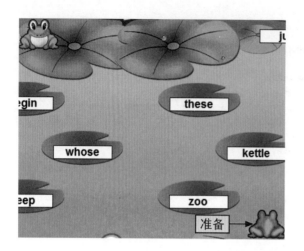

一个过程完成了，第二只青蛙就已经在岸边准备了，一共完成5只青蛙的操作就完成了这个游戏。

通过上图所示的方式，能不断锻炼打字的反应，又有一种"过关斩将"的趣味性，非常适合各位中老年朋友。只有熟悉掌握了键盘的键位，才能进行接下来的拼音打字及五笔打字。

拓展学习 | 在线打字小游戏

除了金山打字通有软件自带的打字游戏外，还有一些网页上有在线的打字游戏，输入网址就能直接进入网站练习打字，比如973打字游戏（http://www.973.com/dazi）、7K7K小游戏（http://www.7k7k.com/tag/274/），7399小游戏（http://www.7399.com/minjie/dazilianxi/）。

1.4 连入网络，这些常识中老年人必知

小精灵，虽然现在上网是很平常的事，可对我来说还是很新潮，我都等不及想要开始上网了，这样就能进行许多娱乐活动。

爷爷，上网虽然不难，但要一步一步来，要上网先要连入网络，基本的网络连入方式您知道吗？

虽然一说到网络大家都一副了然于心的样子，但网络的基本知识并没有多少人真正了解，首先我们要了解一下网络运营商以及入网方式，这样在使用网络时才更有底气，更得心应手。

1.4.1 网络运营商有哪些

平时我们总在说网络，网络究竟是从哪儿来的呢？手机上网主要是使用无线网络或是移动网络（4G），在家使用电脑一般都是接入宽带，这背后的网络运营商（即网络供应商）主要有中国移动、中国联通和中国电信三家。

[跟我学] 了解三大运营商及套餐查询

一说起安装家用宽带，大多数人都会选择中国电信，网速较快价格实惠。其实三大运营商各有各的特点，套餐价格也不一样，所以要选择适合自己的运营商就要了解具体的情况。如表1-6所示。

表1-6

运营商	特点	套餐查询
中国移动	比起其他两家的网络覆盖率，中国移动的覆盖率较小，不过中国移动现在采用新技术、新设备、新线路，直接提供光纤连接入户，宽带用户数量也在不断上升。虽然网速还是比不上其他两家，但服务很到位，是一个方便的选择	网络查询：（http://www.bj.10086.cn/service/）；电话查询：10086
中国联通	中国联通是唯一的全业务运营商，它的网络覆盖地集中在北方，辽宁、吉林、黑龙江、北京、河北、天津、山东、内蒙古自治区、河南、山西，这10个省份建议安装联通网络	网络查询：（http://www.10010.com/）；电话查询：10010
中国电信	中国电信覆盖地广，全国多个省份都有电信的信号塔，如上海、江苏、安徽、江西、四川、重庆、浙江、广东、湖南、湖北、福建、贵州、云南、西藏自治区、海南、陕西、甘肃、青海、宁夏、新疆维吾尔自治区等地区的用户可选择电信，信号好，网速又快	网络查询：（http://www.189.net.cn/）；电话查询：10000

1.4.2 如何选择入网方式

入网方式，从字面意思来看即指接入互联网的方式，主要有两种：有线接

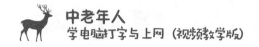

入和无线接入。有线接入包括普通电话线接入、光纤接入、网线接入等；无线接入主要包括手机上网、宽带无线接入上网等。现在比较常用的入网方式有ADSL拨号上网，使用无线方式连入互联网，小区宽带入网。中老年朋友可以选择这几种方式接入网络。

[跟我学] 3种常用的入网方式

● **ADSL拨号上网** 电信的ADSL拨号上网因其网速快而成为目前国内应用最广泛的入网方式，主要利用现有的电话线路，在电话两端加上ADSL设备即可。中老年朋友只需向电信申请就可以接受工作人员上门安装服务。

● **小区宽带入网** 小区宽带是城市里比较普遍的一种入网方式，网络运营商采取光纤接入的方式，直接连入网络。只需打电话向当地运营商咨询或是直接去营业厅咨询，就会有工作人员上门安装，非常方便。

● **无线方式上网** 现在很多中老年朋友都跟紧时代的潮流使用智能手机，所以家里采用无线方式上网就很有必要了。无线上网需要购买一台无线路由器，根据使用说明将无线路由器连入网络接口并对路由器进行设置，就能搜到无线信号，输入密码后就能上网了。如图1-18所示就是现在较常见的无线路由器。

图1-18

认识了路由器，安装及设置无线路由器是接下来必做的工作。首先要认识路由器的几个重要部分，一是几根天线，用于发射网络信号；二是背后的几个不同接口，分别是电源接口，WAN接口（外部网络的接口），LAN接口（连接内部局域网），还有一个Reset按钮（恢复出厂设置）。具体的步骤将在本书最后一章"网络安全防护"的位置进行讲解。

第2章

02

中老年人怎样做好电脑打字准备

学习目标

在了解并熟悉了键盘的作用后，中老年朋友还要了解关于打字的几个方面，首先是各种输入法及其基本操作，这样在实际操作时才能选择适合自己的输入方式。另外，在电脑中输入汉字的几个场所也应有所了解，方便以后保存重要的文字内容。

要点内容

- 了解4种不同的汉字输入方式
- 添加与删除输入法
- 认识输入法状态条
- 输入法的切换方法
- 如何设置默认的输入法
- 简单好用的记事本
- 方便实用的写字板
- 最常用的Word编辑器

2.1 了解哪些输入法适合中老年人

 小精灵，通过练习现在我对鼠标及键盘的运用越来越熟练了，什么时候能正式开始打字呢？

 爷爷，打字的操作有几种不同输入法，它们各有各的特色，对于中老年人来说都有优势，先一起来了解一下吧！

汉字输入的编码方法，基本上是采用将音、形、义与特定的键位相联系，再根据不同汉字进行组合来完成汉字的输入。常用的输入法分别有：拼音输入法、五笔输入法、语音输入法和手写输入法等。

[跟我学] 了解4种不同的汉字输入方式

● **拼音输入方式** 在日常生活中使用最多的还是拼音输入方式，拼音输入方式采用汉语拼音作为编码，将汉字通过拼音编码输入电脑中，其特点是输入简单，只要会拼音就能输入汉字。流行的拼音输入法有微软拼音、搜狗拼音、QQ拼音、百度输入法、必应输入法等。如图2-1所示。其中用得最多的还是市面上的智能拼音输入法，比如搜狗拼音、QQ拼音、百度输入法等。使用起来方便简单，非常适合中老年朋友。

图2-1

● **语音输入方式** 为了方便那些不爱打字的中老年人，一般的智能拼音输入法（百度、搜狗）都有语音输入的功能，通过电脑麦克风直接将语音转化成文字，不用自己动手，这一点非常适合中老年朋友。现在的智能拼音输入法都推出了语音输入的功能。

● **手写输入方式** 手写输入方式对于不想打字的中老年朋友来说是很受用的，通过系统写字板与鼠标的结合，替代纸和笔的作用，完成电脑端的手写输入，更符合中老年人的写作习惯。一般来说，微软拼音、搜狗拼音等输入法都有手写输入的功能。

● **形码输入方式** 形码输入法是最为复杂的一种汉字输入方式，是依据汉字字形，如笔画或汉字部首进行编码的方法。最简单的形码输入法是12345五笔画输入法，广泛应用在手机等手持设备上。电脑上字形输入法广泛使用的有五笔字型输入法、郑码输入法。现在流行的形码输入法软件有QQ五笔、搜狗五笔、极点中文输入法等。具体的五笔输入方法我们会在本书第4、5章具体讲解。

2.2 输入法常规操作全掌握

小精灵，为什么我每次打开电脑都只能输入字母或数字，而且每次打开电脑都是同一种输入法，要怎么输入汉字呢？

爷爷，因为电脑自带的输入法是英文输入法，需要自己切换到汉字输入法，接下来我们一起看看输入法的一些基本操作。

了解了输入方式后，输入法的基本操作是需要中老年朋友立即掌握的，可从添加、删除和切换等几个方面入手学习。

2.2.1 添加与删除输入法

系统的输入法不是固定的，可以根据需要进行添加和删除，具体的步骤如下所示。

[跟我做] 添加/删除输入法的步骤

步骤01

❶单击"开始"按钮，❷在弹出的开始菜单中选择"控制面板"命令。

步骤02

在打开的"控制面板"窗口中单击"更改键盘或其他输入法"超链接。

步骤03

在打开的窗口，单击"更改键盘"按钮。

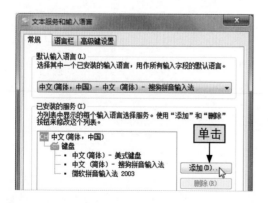

步骤04

在打开的窗口，可以看到"已安装的服务"这一栏里展示电脑系统中已有的输入法，如要进行添加，单击"添加"按钮。

步骤05

❶在打开的窗口，通过右侧滚动条对要添加的输入法进行选择，如这里选中"简体中文全拼"复选框，❷单击"确定"按钮。

步骤06

在"文本服务和输入语言"对话框中可以看到，"已安装的服务"这一栏里已经有"简体中文全拼"这一输入法了，单击"确定"按钮即可完成添加操作。

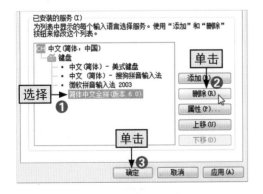

步骤07

❶在"文本服务和输入语言"对话框中还可以进行删除输入法的操作，选择"已安装的服务"里需要删除的输入法选项，❷单击"删除"按钮，❸单击"确定"按钮，即可完成删除操作。

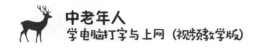

技巧强化 | 查看电脑中的输入法

在安装电脑系统时会内置一些输入法，中老年朋友也可根据需要下载网上的一些智能输入法，那么我们要查看电脑中的输入法到底有哪些，要怎样做呢？默认情况下直接按键盘上的字母键可以输入英文字符，在电脑右下方的状态栏单击默认输入法按钮，如图2-2所示，就能在弹出的列表中看到电脑的所有输入法。或是❶右击默认输入法按扭，❷选择"设置"命令，在打开的窗口中也可以查看。如图2-3所示。

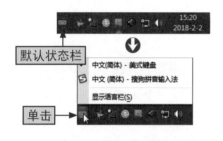

图2-2

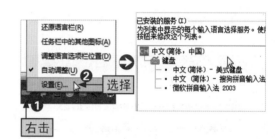

图2-3

2.2.2 认识输入法状态条

电脑中的输入法都有其对应的状态条，主要用于表示当前的输入状态，可以通过单击它们来切换输入状态。以微软拼音输入法为例来看看其状态条主要包含哪些部分及作用。

[跟我学] 微软拼音输入法的状态条

● **中英文切换按钮** 状态条上有很多小按钮能对输入状态进行调整，比如图标上显示一个"中"字的按钮就是中/英文切换按钮，表明现在是中文输入状态，单击它，按钮图标就会变成"英"字，表明此时是英文输入状态，输入的就是英文字母。如图2-4所示。

图2-4

● **拼音窗口** 在使用微软拼音输入法时，系统会出现两个窗口，用来提供不同的信息，其中拼音窗口用于显示和编辑所键入的拼音字母，每次只能显示一个汉字的拼音，当用户不断键入拼音字母时，微软拼音输入法会把上一个汉字的拼音转换成汉字并显示在窗口中。便于及时修改、删除。如图2-5所示。

● **候选窗口** 在输入的文字未被确认前，可移动鼠标光标对文字进行修改和选择。比如想输入"江明"，键入"jiangming"，此时出现的文字选择窗口就是候选窗口。候选窗口中是"jiang"所对应的汉字，系统的首选文字是"讲明"，这时我们选择"江"，则按下数字键"4"，或用鼠标单击"江"字。如图2-6所示。

图2-5   图2-6

● **输入风格按钮** 输入风格按钮位于状态条的第一项，用于切换输入的风格，具体包括微软拼音经典、微软拼音新体验等。其区别在输入的时候尤为明显，如图2-7所示的是两种不同的输入风格，微软拼音经典不会显示候选窗口，适合操作非常熟练的人群；微软拼音新体验会显示候选窗口，适合刚开始打字的人群。

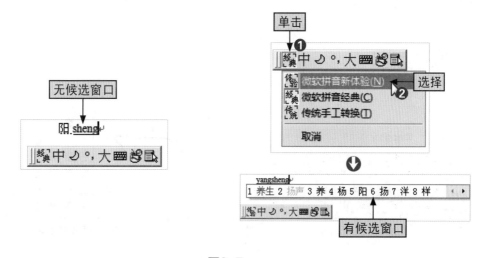

图2-7

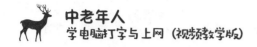
●**半角/全角按钮** 在中文输入法，中全角和半角表示输入字符的不同状态。全角模式输入一个字符占用两个字符，半角模式输入一个字符占用一个字符。这只针对符号而言，对汉字没有区别。一般的输入法的状态条中都会显示"半角/全角按钮"，如图2-8所示。单击该按钮就能进行半角和全角的切换了。

●**字符集按钮** 微软拼音输入法的状态条中有字符集按钮，用于对繁体字和简体字进行切换。中老年朋友如果习惯使用繁体字，可以单击该按钮进行设置。如图2-9所示。

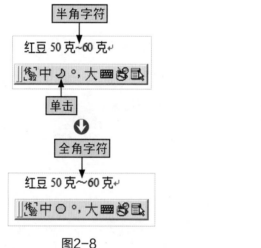

图2-8

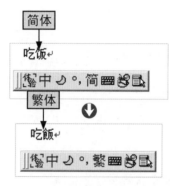

图2-9

●**软件盘按钮** 软件盘按钮一般不常用，如果键盘失灵或是接触不良时，单击此按钮可启用软件盘，鼠标也能进行打字操作，如图2-10所示。单击软件盘按钮会弹出软件盘界面，与主键盘一致，单击相关键位与手指操作一样。

●**输入板按钮** 输入板按钮用于手写操作，单击该按钮即弹出输入板界面，与搜狗手写输入大致相同，如图2-11所示。

图2-10

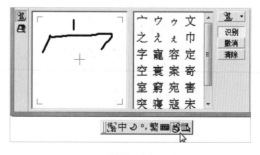

图2-11

每个输入法的状态条大多相似，又各有不同，通过其中一种的学习，中老年朋友可以清楚状态条的外观、基本按钮及功能，对于有效地使用状态条是很有帮助的。

2.2.3 输入法的切换方法

当我们的电脑中存在多种输入法时，一方面我们的选择很多元化，另一方面就需要在不同的输入法之间进行切换，那么应该如何进行切换操作呢？常用的输入法切换方式有以下两种。

[跟我学] 切换不同的输入法

● **通过语言栏切换** 在电脑系统中有自带的输入法（中文简体-美式键盘），当打开电脑时会默认此输入法。如要进行切换，可在状态栏中❶单击该输入法按钮，❷在弹出的列表框中选择需要的输入法选项，即可切换成功。如图2-12所示。

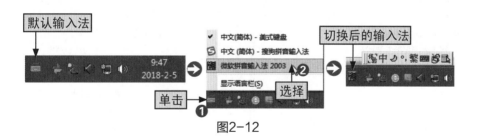

图2-12

● **通过快捷键切换** 按【Ctrl+Shift】组合键可以直接对输入法进行切换，适合电脑输入法不多的情况，依照顺序进行按键切换，直到选出自己想要的输入法。

技巧强化 | 查看电脑中的输入法

有时候因为电脑故障或未反应过来，在语言栏未出现输入法或无法进行切换，可通过切换语言栏的状态加以解决。其具体操作如下。

选择

选中

单击

步骤01

❶打开"文本服务和输入语言"窗口，选择"语言栏"选项卡，❷在打开的界面选中"隐藏"单选按钮，❸单击"应用"按钮即可。

步骤02

❶停留在该界面，选中"停靠于任务栏"单选按钮，❷单击"应用"按钮即可完成操作。

2.2.4 如何设置默认的输入法

　　一般电脑系统中都会有几种不同的输入法备用，但很多时候我们都习惯用一种输入法，如果设置不合适，每打开一个窗口就要切换一次输入法，非常麻烦。可以将常用输入法设置为默认状态，这样就无须多次进行切换了。对于中老年朋友来说使用最多的是中文输入法，以搜狗中文输入法为例，一起来看看如何设置吧！

[跟我做] 设置搜狗中文的默认状态

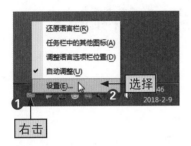

❶右击语言栏的输入法按钮，❷在弹出的列表框中选择"设置"选项。

步骤02

在打开的窗口，进行默认输入语言的选择。

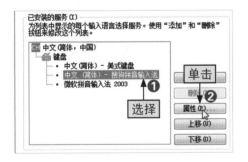

步骤03

❶在当前窗口的已安装服务里选择"中文（简体）-搜狗拼音输入法"选项，❷单击右侧的"属性"按钮。

步骤04

❶在打开的对话框中设置默认状态，如这里选中"简体"、"半角"、"中文"复选框，❷单击"确定"按钮。

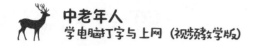

2.3 明白汉字可以在哪些场所输入

小精灵，写字要用笔和纸，我知道电脑键盘就好比"笔"，那电脑中的"纸"在哪里呢？

爷爷，电脑中的"纸"可以称为汉字输入的场所，常用的有3处，每一处都有各自的特点和功能哦。

要在电脑中输入汉字，光有输入法还不够，输入法是工具，还需要输入场所对输入内容进行存放。除了网页的搜索框中可以输入汉字，电脑系统中有专门用于文字输入和保存的程序，分别是记事本、写字板和Word编辑器等。

2.3.1 简单好用的记事本

记事本是Windows系统自带的一个简单的文字处理工具，它有一项不可取代的功能，即可以保存无格式文档，可以把文档保存为任意格式。而且相比于Word编辑器，其打开速度快、文件小，适合纯文本的编辑及保存。如图2-13所示为记事本的主界面。

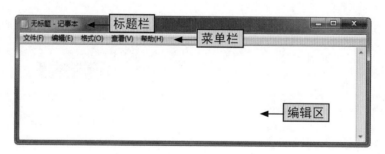

图2-13

[跟我学] 记事本的各项功能

从图2-13可以看到，记事本上方有5个菜单项，分别是"文件"、"编辑"、"格式"、"查看"和"帮助"。对本文编辑有实际用处的是前3个。

● **"文件"菜单** "文件"菜单下，有一些基本的功能，如图2-14所示。首先是新建、打开、保存、另存为，这几个功能相似，都用于保存文件、更改文件名。页面设置是打印功能，可以设置纸张的大小、文件来源、页眉、页脚、方向和边距等，设置完成后单击"打印"按钮即可。

图2-14

● **"编辑"菜单** "编辑"菜单下的功能主要是对记事本的一些编辑内容进行基本操作，如图2-15所示。其中，"查找"命令是在文本内容较多的时候用于快速查找特定的内容，如图2-16所示，选中一段文字，在"查找内容"输入框中输入查找内容，就能筛选出想要的内容了。

图2-15

图2-16

● **"格式"菜单** 在"格式"菜单下，分别有"自动换行"和"字体"两个功能，如图2-17所示。选择"字体"命令可以对文本的字体、字形和大小进行设置，如图2-18所示。

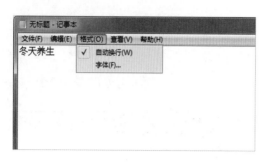

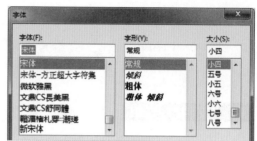

图2-17　　　　　　　　　　　　　　　　图2-18

记事本窗口右上方的3个按钮分别是"最小化"、"最大化"和"关闭"按钮，可以对窗口的大小进行调整，或是直接关闭记事本窗口。

2.3.2 方便实用的写字板

写字板也是电脑系统自带的一个文字处理软件，它的功能相对于记事本而言要更强大一些，支持图片和文字格式的设置，是Word的雏形，保存的文件格式默认是".rtf"。打开方式与记事本一样，通过"开始菜单→程序→附件→写字板"这样的顺序打开，启动后的主界面如图2-19所示。写字板的主界面主要由快速访问工具栏、标题栏、功能区和编辑区几部分组成，每个部分都有其各自的功能。

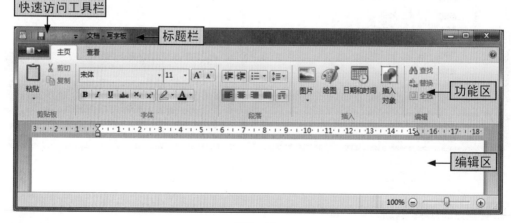

图2-19

[跟我学] 写字板各部分的功能

● **快速访问工具栏** 默认包含"保存"、"撤销"和"重做"3个按钮，可以实现软件最常用的几个功能。

● **标题栏** 显示当前正在编辑文档的名字和应用程序名称，其右侧有3个窗口控制按钮，可以控制窗口的大小和关闭窗口。

● **功能区** 以选项的形式存在的一些命令的集合，可以通过该区域为文档中的内容设置格式或添加对象等。

● **编辑区** 写字板中文字编辑的主要区域，用于输入文本并实时显示文本的输入状态和最终效果等。

拓展学习 | 写字板与Word的对比

写字板是Word编辑器的初始形态，其与Word的主要功能不同：写字板有绘画板的功能，可以直接画图，也可以对文本进行编辑；Word是主流办公应用，用于文本的复杂编辑及保存。

2.3.3 最常用的Word编辑器

Word是专业的文字处理软件，是Office中的核心程序，几乎所有的电脑系统都会安装Word应用程序。Word为文档处理提供了丰富的功能集，使简单的纯文本变成更有特色的文档。双击新建的Word文档，启动后的界面如图2-20所示。默认进入"开始"界面，从图2-20中可以看出，该界面主要由快速访问工具栏、标题栏、文件选项卡、功能区、编辑区、视图栏和状态栏组成。

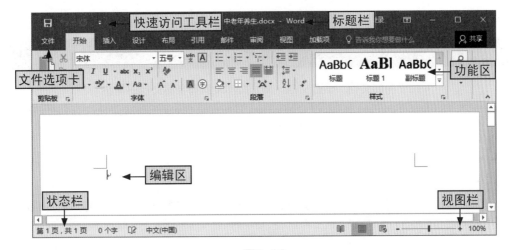

图2-20

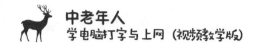

[跟我学] Word编辑器各部分的功能

● **快速访问工具栏** 此部分主要将一些常规的操作以按钮的形式集合在一起，默认包含"保存"、"撤销"和"重复键入"3个按钮，还可以根据需要自定义设置此栏中的按钮，单击该栏右侧的下拉按钮，在下拉菜单中选择需要显示的操作即可。

● **标题栏** 显示当前正在编辑文档的名称，如图2-20的"中老年养生.docx-Word"。其右侧有3个窗口控制按钮，分别是"最小化"按钮、"最大化"按钮和"关闭"按钮。

● **"文件"选项卡** 单击"文件"选项卡，进入Word 2016的后台界面，其中整合了常规的设置选项及功能命令。如图2-21所示。该选项卡中的一些具体功能如表2-1所示。

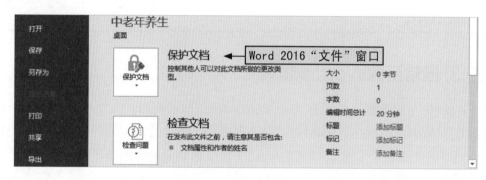

图2-21

表2-1

选项卡	具体功能
"信息"选项卡	用于保护文档、检查文档、管理版本及查看当前文档的属性
"新建"选项卡	用于新建文档，可创建空白文档和含模板的文档
"打开"选项卡	用于打开电脑其他位置的文档，或是最近打开过的文档
"保存"选项卡	"保存"及"另存为"选项卡都是对文档进行关闭前的保存。首次保存时，所打开的都是"另存为"对话框，再次保存时，文档位置不变

续表

选项卡	具体功能
"打印"选项卡	用于对当前文档进行打印，并设置页面、纸张、打印范围及页数
"共享"选项卡	可将当前文档通过电子邮件等方式传递给他人
"导出"选项卡	通过该选项卡，可将当前文档以其他格式保存，如"PDF/XPS"格式
"选项"选项卡	打开该选项卡，可对保存、语言及版式等信息进行相应的设置

● **功能区** 该区域将互有联系的一些操作整合在一起，以选项卡的形式呈现，具体的一些选项功能如表2-2所示。

表2-2

选项卡	具体功能
"开始"选项卡	该选项卡中提供了剪贴板、字体、段落、样式和编辑组，在各个组中可对文档进行常规的编辑操作
"插入"选项卡	该选项卡提供了页面、表格、插图、媒体以及文本等工具组，通过它们可以在文档中插入所需内容
"设计"选项卡	可在该选项卡中选择文档格式组以及页面背景组，对当前文档进行格式、效果以及页面等进行设置
"布局"选项卡	该选项卡主要提供了页面设置、段落和排列3个工具组，可对文档页面、纸张大小、分栏、段落的缩进与间距等进行设置
"引用"选项卡	在该选项卡中可对目录、引文与书目等进行相应的操作
"邮件"选项卡	在选项卡中可创建信封、进行邮件合并等操作
"审阅"选项卡	该选项卡提供了校对、批注、修订、更改以及比较等工具组，通过这些工具组，可以对文档拼音和语法检查、保护文档等进行操作
"视图"选项卡	在该选项卡中提供了视图、显示、显示比例和窗口等工具组，可对文档进行显示方式、窗口排列等设置

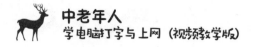

● **编辑区** 编辑区是Word的主要工作区，是文字编辑的区域，在编辑区的右侧和下方有垂直滚动条和水平滚动条，通过拖动滚动条可在当前窗口的大小中显示其他位置的文档内容。左侧和上方有标尺，可用来设置和查看段落缩进、制表位、页面边界以及栏宽等信息。

● **状态栏和视图栏** 这两栏位于窗口的底端，左侧的状态栏显示当前文档的页面、字数等信息；右侧的视图栏显示当前文档的视图模式和页面缩放比例。

03 第3章

简单易学的拼音输入法

学习目标

拼音输入法是汉字输入法中最为简单的一种输入方式，也是必学的一种打字方式，通过对拼音常识的回顾，下载拼音输入法并了解拼音输入的几种方式，中老年朋友能快速地了解输入方法，立即上手进行文字编辑。

要点内容

- 拼音语法中的声母
- 拼音语法中的韵母
- 汉语拼音与键盘字母的关系
- 使用全拼输入汉字
- 使用简拼输入汉字

- 使用混拼输入汉字
- 符号大全帮你快速输入
- 常用诗词提升文字内涵
- 语音输入，不再让你动手
- 手写输入

3.1 学习拼音语法

 小精灵，我已经很久没使用拼音了，对拼音语法都已经很陌生了，在使用拼音输入法时，明显觉得力不从心，你能带我重新学习拼音语法吗？

 爷爷，您这种情况其实是很普遍的，不过没关系，下面我们一起来简单快速地回顾一下拼音的基础语法知识吧！

汉语拼音是我们拼写汉字的一种方式，在电脑上我们也能通过拼音击打键位输入对应的汉字。对拼音的了解直接影响到我们击打键位的速度，学习拼音的语法首先要知道拼音的基础构成，以及与键盘字母的关系，通过间接转换完成汉字的输入。

3.1.1 拼音语法中的声母

拼音包括声母和韵母两个部分，声母放在韵母之前，用于辅助发音，跟韵母一起构成一个完整的音节。汉语拼音中一共有23个声母，如图3-1所示。

b	p	m	f	d
t	n	l	g	k
h	j	q	x	zh
ch	sh	r	z	c
s	y	w		

图3-1

[跟我学] 了解声母的搭配

了解具体有哪些声母之后，接下来应该知道其如何与韵母搭配变成一个完整的音节，由于汉字是一个音节一个字，所以掌握了一个音节，就掌握了一个汉字输入的拼音编码了。例如"包（bao）"这个音节，辅音"b"就是它的声母，要想打出"包"字，首先就要打出声母"b"，再打出韵母。

当然，有些比较特殊的字以元音开头，没有辅音声母，被称为"零声母"。元音i、u、ü在书写时前面要加y或w，虽然加了声母，但读音未变，所以仍看作是"零声母"。通过如图3-2所示的零声母音节，中老年朋友可以击打相应键盘，拼出相应的汉字。

a（阿）	ai（爱）	ao（熬）	an（安）	ang（昂）	e（额）
er（二）	en（嗯）	o（哦）	ou（偶）	wa（哇）	wai（外）
wan（万）	wang（王）	wo（我）	wei（为）	wen（问）	weng（翁）
wu（无）	ya（呀）	yao（要）	yan（言）	yang（样）	ye（也）
yi（以）	yin（因）	ying（应）	yo（哟）	you（有）	yong（用）
yu（与）	yue（月）	yun（运）	yuan（元）		

图3-2

3.1.2 拼音语法中的韵母

韵母是接在声母后一起组成拼音音节的部分，通常可以分为韵头+韵腹+韵尾3个部分，如官（guan）这个音节中，（g）是声母，（uan）是韵母。韵母（uan）中，（a）是韵腹，（u）是韵头，（n）是韵尾。韵母共有24个，数目比声母多，系统也比较复杂。

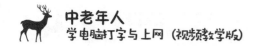
[跟我学] 了解韵母的分类

● **单韵母** 由一个元音构成的韵母叫单韵母，又叫单元音韵母。拼音中单韵母共有6个，如图3-3所示。

a	o	e	i	u	ü

图3-3

● **复韵母** 由两个或三个元音结合而成的韵母叫复韵母。拼音中共有9个复韵母，如图3-4所示。

ai	ei	ao	ou	üe	ie	ui	iu	er

图3-4

● **鼻韵母** 由一个或两个元音后面带上鼻辅音构成的韵母叫鼻韵母。鼻韵母分为前鼻韵母和后鼻韵母，共16个，如图3-5所示的是其中最常见的9个。

an	en	in	un	ün	ang	eng	ing	ong

图3-5

拓展学习 | 拼音语法中的整体认读音节

整体认读音节一般是指添加一个韵母后读音仍和声母一样（或者添加一个声母后读音仍和韵母一样）的音节。如声母"zh"加上韵母"i"以后，它的读音仍然不变，所以"zhi"就是整体认读音节。整体认读音节是最为简单的拼音音节，共有16个，分别是：zhi（织）、chi（吃）、shi（狮）、ri（日）、zi（字）、ci（刺）、si（丝）、yi（衣）、wu（乌）、yu（鱼）、ye（爷）、yue（月）、yuan（元）、yin（因）、yun（运）、ying（应）。

3.1.3 汉语拼音与键盘字母的关系

了解了声母、韵母和整体认读音节，中老年朋友对拼音语法已经有了一个整体的认识，但是我们的汉语拼音和键盘键位又有什么关系呢？其实汉语拼音与英文字母几乎是完全相似的，都有26个字母，只不过拼音中没有"v"，而多了一个"ü"，键盘上就算没有它，对于中文输入而言也影响不大。

[跟我学] 汉语拼音与英文字母对照

由于中英文的字母个数相同，所以使用键盘进行拼音输入是非常方便的，除了在输入"ü"时用键位"v"代替，其他字母全部都能互相对应，而且平时使用"ü"的时候也不多。如图3-6所示是汉语拼音与英文字母对照表，单元格左边是键盘键位，右边是拼音字母。

A—a	B—b	C—c	D—d	E—e	F—f	G—g
H—h	I—i	J—j	K—k	L—l	M—m	N—n
O—o	P—p	Q—q	R—r	S—s	T—t	U—u
W—w	X—x	Y—y	Z—z	V—ü		

图3-6

在正式学习拼音输入法前，中老年朋友可先使用金山打字通对了解的拼音音节进行练习和巩固，以便在打字时能熟练地拼出汉语拼音。

[跟我做] 使用金山打字通进行"音节练习"

步骤01

双击桌面的"金山打字通"快捷图标，启动软件。单击"拼音打字"按钮。

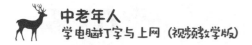

进入"拼音打字"界面，有4个入口，分别是"拼音输入法"、"音节练习"、"词组练习"、"文章练习"。这里单击"音节练习"按钮。

进入"音节练习"界面，可以看到右上方的"课程选择"为"声母"，根据显示的一组声母击打键盘，进行练习。

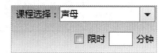

❶对一项内容熟练后可以选择其他内容进行练习，单击"课程选择"右侧的下拉按钮，❷在弹出的列表中选择练习的内容，这里选择"整体认读音节"选项。

3.2
拼音输入法的应用

 小精灵，用拼音输入法打字，是将所有的拼音一个一个打出来就能得到对应汉字么？有更简洁的办法吗？

 爷爷，拼音输入法有几种方式可供使用，如果运用熟练，当然可以采用更简便的方式进行拼音输入啦！

本节将通过搜狗拼音输入法来展示3种不同的拼音输入方式，分别是全拼、简拼和混拼。

3.2.1 使用全拼输入汉字

全拼输入方式直接利用汉字的拼音字母作为代码，通过输入汉字的全部拼音字母来输入汉字。其规则少、操作简单好记，因此极易上手。下面以输入"冬天喝萝卜汤"文本为例，展示全拼输入方式。

[跟我做] 用搜狗拼音输入法进行"全拼"输入

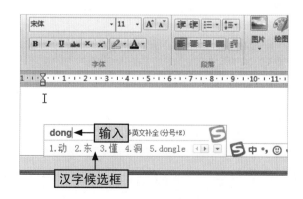

步骤01

启动写字板程序，将输入法切换到熟悉的输入法，这里切换到搜狗拼音输入法，输入拼音字母"dong"，文本编辑区将出现一个提示条显示所输入的拼音，并在下方显示该拼音对应的汉字候选框。由于"冬天"是个词组，输入法能够自动识别词组，所以这里不选择汉字。

❶输入拼音"tian"，❷此时汉字候选框中会出现多个备选词组，这里选择第一个选项，用鼠标单击该词组（或是按数字键【1】）。

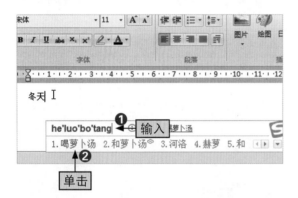

❶由于搜狗拼音输入法能连续输入多个拼音，并有识别句子的功能，所以可以一气呵成，输入"heluobotang"，❷在汉字候选框中可看到"喝萝卜汤"，单击该短句，即可完成输入。

拓展学习 | 输入法小窍门

当要输入的内容出现在汉字候选框的第一项时，可以直接按空格键进行选择；当要输入的内容不在候选框中的第一项时，则需要按相应的数字键或单击才能选择。当汉字候选框中的同音字非常多时，将分页显示，此时可按【Page Down】键或【=】键向后翻页，按【Page Up】键或【-】键向前翻页，查找想要输入的汉字。

3.2.2 使用简拼输入汉字

简拼的输入方式是从全拼简化过来的，通过输入声母或声母的首字母来完成输入。例如：想要输入词组"今天"，相较于全拼来说简拼大大减少了击键次数，可提高速度，但缺点是重码较多。以输入"冬天要注意保暖"文本为例，展示简拼输入方式。

[跟我做] 用搜狗拼音输入法进行"简拼"输入

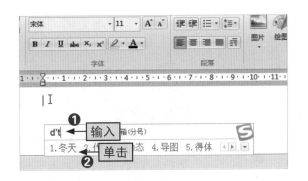

步骤01

❶启动写字板程序，并将输入法切换到搜狗拼音输入法，首先输入"冬天"的声母"dt"，❷在汉字候选框中选择"冬天"，单击该词组。

步骤02

❶继续输入"要注意"的声母和声母首字母"yzy"，❷在汉字候选框中单击该内容。

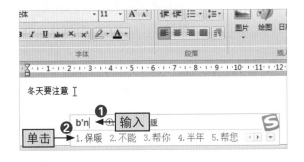

步骤03

❶继续输入"保暖"的声母"bn"，❷在汉字候选框中单击该项词组，完成本句的输入。

拓展学习 | 使用简拼输入方式要注意的地方

简拼输入方式通常用于输入词组，对于单字来说使用此方法反而会降低速度，因为声母相同的汉字数量太多，不能快速找到所需的汉字，当然也不适用于输入句子，因为重码的可能性太高。如果词组中有复合声母（如zh、ch、sh），最好输入复合声母，这样能排除掉一些重码，减少候选框中的词组数量，以便更快地找到所需的词组。

3.2.3 使用混拼输入汉字

混拼是指综合使用全拼与简拼两种输入方式输入两个音节以上的词语，如要输入词语"出现"，如果用简拼方式输入"cx"，将出现多个候选词；如果输入"chux"，那么符合的词语就大大减少了，因此使用混拼输入方式可以减

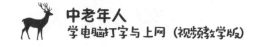

少重码率，缩小选择范围，提高速度。以输入"中老年养生"文本为例，展示混拼输入方式。

[跟我做] 用搜狗拼音输入法进行"混拼"输入

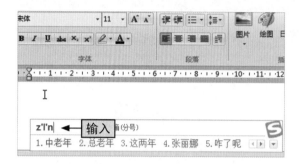

步骤01

启动写字板程序，切换到搜狗拼音输入法，使用混拼输入方式首先要对输入内容有一个基本的判断，"中老年"词组应该是可以通过简拼完成输入的，所以首先输入声母"zln"。

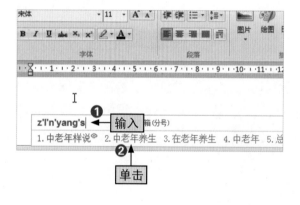

步骤02

❶候选框中已经出现了"中老年"的汉字内容，接下来输入"养生"，继续使用简拼方式很显然会出现重码，不方便查找，所以这时可输入拼音字母"yangs"，用"全拼音+声母"的方式完成词组输入，❷单击要输入的内容，完成此次输入。

混拼方式是最常见的一种输入方式，随机性较强，是在输入过程中根据句子和词语的常用度和熟悉度选择性地进行全拼或简拼。混拼的基本结构就是一个词组或一个句子中，输入的拼音字母为"拼音+声母"，如"吃饭了"输入的拼音字母为"chfanl"，即"ch+fan+l"。一句话，原则即是"有整有缺"。

拓展学习 | 切分符的使用

当要输入的词组的第二个字是单音节时，可用音节切分符（'）将两个字的拼音编码分开，如要输入"图案"，可输入"tu'an"后再进行词组的选择。

玩转搜狗拼音特色功能

爷爷，现在的智能拼音输入法有很多特殊功能，比如特殊符号、手写输入、语音输入等，极大地方便和丰富了文字输入的操作。

这是真的吗？我都没有听说过，更没有操作过，你快教教我，我也要来体验一把。

除了简单的拼音输入功能，智能输入法还提供了很多其他功能来方便我们进行文字输入，接下来以搜狗拼音输入法为例，介绍一些智能的输入法功能。

3.3.1 符号大全帮你快速输入

在输入文字的时候，难免会输入一些符号，常见的符号在键盘中都很容易找到，比如"，""。"等，可是有一些特殊符号在输入时会非常难找，尤其是对中老年朋友来说，这时可以使用到搜狗拼音输入法的"符号大全"功能。

[跟我做] 使用搜狗拼音输入法的"符号大全"功能

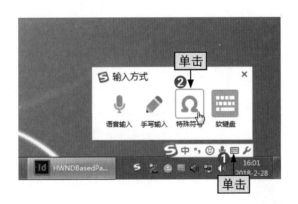

步骤01

❶启动搜狗拼音输入法，单击"输入方式"按钮，❷在打开的对话框中单击"特殊符号"按钮（或是单击"工具箱"按钮，在打开的对话框中单击"符号大全"按钮），进入"符号大全"对话框。

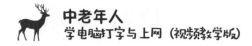
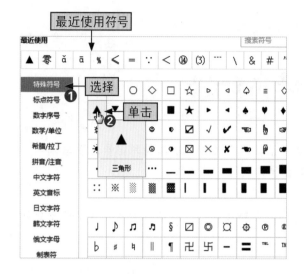

最近使用符号

步骤02

❶在"符号大全"界面可以看到右侧有各种符号的分类，如这里选择"特殊符号"选项，❷单击"三角形"按钮，该符号就会输入到输入场所了。在界面最上方有"最近使用"栏，会自动保存最近使用的一些符号，方便使用者查找。

从上图可以看出，搜狗拼音输入法的符号是很齐全的，包括特殊符号、标点符号、数字符号及单位符号等常见的和不常见的，不需要花时间到网上去寻找，非常方便。

3.3.2 常用诗词提升文字内涵

中老年朋友在输入文字时会常常使用一些俗语、诗词来表达自己的意思，但有时候会难以想起，搜狗拼音输入法有一项"常用诗词"的功能，能快速查询古诗词，及时输入，帮助中老年朋友记忆。

[跟我做] 使用搜狗拼音输入法的"常用诗词"功能

步骤01

❶启动搜狗拼音输入法，单击"工具箱"按钮，❷在打开的对话框中单击"常用诗词"按钮。

步骤02

❶在打开的对话框中可以看到"首页"栏目会显示诗词，选择"主题"选项，可以通过具体分类选择想要的诗词，❷单击"情感"栏目下的"思乡"超链接。

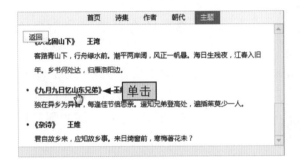

步骤03

在打开的页面中可以看到许多表达思乡的诗词，中老年朋友可以自行选择，如这里单击王维的"九月九日忆山东兄弟"超链接。

步骤04

在打开的页面中单击"上屏"按钮，就将整首诗自动输入到输入场所之中。

3.3.3 语音输入，不再让你动手

为了方便那些不爱打字的用户，一般的智能拼音输入法（百度、搜狗）都有语音输入的功能，不用动手，减少了很多麻烦，这一点非常适合中老年朋友。搜狗输入法很早就推出了语音输入功能，下面一起来体验一下吧！

[跟我做] 怎样使用搜狗语音输入功能

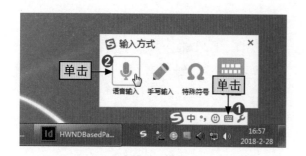

步骤01

新建Word文档并打开，❶启动搜狗语音输入法，单击形似键盘的"输入方式"按钮，❷在打开的对话框中单击"语音输入"按钮。

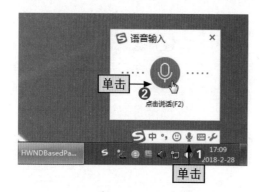

步骤02

❶系统会自动对"语音输入"功能进行安装下载，之后会出现在状态栏中，单击"语音"按钮，❷在打开的对话框中单击中间的圆形按钮，录入语音。

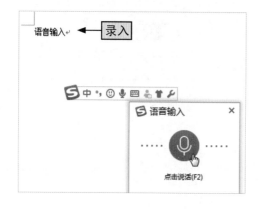

步骤03

通常有一个语音识别的短暂停留，稍等一会儿就会录入Word文档中了，录入完毕后，单击中间的圆形按钮即可。

　　要注意这个语音输入功能需要麦克风支持，中老年朋友可带上电脑配置的耳机，插入电脑耳机孔，对准麦克风说话即可，语音输入会自动调用。

3.3.4 手写输入

　　遇到不会读的字，无法用语音输入或拼音输入的方式进行汉字输入，这时中老年朋友可以用手写输入进行辅助，比如微软和搜狗输入法等都支持手写输入。以搜狗为例，讲解如何完成手写输入功能的设置和操作。

[跟我做] 设置搜狗手写输入功能

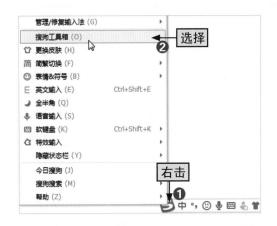

步骤01

❶新建Word文档并打开，以备输入，启动搜狗输入法，右击自定义状态栏，❷在弹出的快捷菜单中，选择"搜狗工具箱"选项。

步骤02

在打开的对话框中单击"手写输入"按钮，单击之后，就能看到页面下方弹出手写输入框。

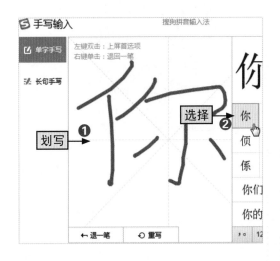

步骤03

❶使用鼠标当作笔，在手写输入框中，写出汉字，输入框右侧会识别出形似字，❷选择正确的字，之后该字会出现在Word文档中。

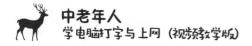

技巧强化｜查看电脑中的输入法

对于常用手写输入功能的中老年朋友，可以在搜狗输入法中进行设置，为手写输入功能设置快捷键或是快捷图标，这样就能快速打开手写输入板，立即进行操作。❶在"搜狗工具箱"对话框中右击"手写输入"按钮，❷在弹出的列表中选择"设置快捷键"选项，❸在打开的对话框中的"扩展功能快捷键"栏中对"手写输入"进行快捷键设置，如图3-7所示。还可以在桌面设置"手写输入"的快捷图标，❶右击"手写输入"按钮，❷在弹出的列表中选择"发送到桌面"选项，❸双击桌面快捷图标就能立即使用了。如图3-8所示。

图3-7

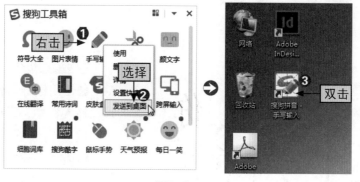

图3-8

第4章 04

学会五笔打字前应掌握的基础

学习目标

掌握了简单常用的拼音输入法后，很多中老年朋友还对五笔打字非常感兴趣，当然五笔打字有一定的难度，不过首先可以通过对汉字结构的掌握，一步一步运用到五笔打字的学习中。

要点内容

- 字根的键盘分布图
- 横区字根详解
- 竖区字根详解
- 撇区字根详解
- 点区字根详解
- 折区字根详解

- 汉字组成的3个层次
- 汉字的5种笔画
- 汉字的3种结构形式
- 了解字根之间的关系
- 汉字拆分原则

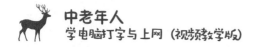

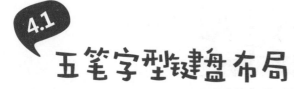

 小精灵，五笔打字到底是怎样操作的呢，我实在是不了解该从哪方面入手，感觉特别难的样子，你也给我介绍介绍吧！

 爷爷，五笔打字看起来是有一点儿复杂，不过我们可以先从键盘的五笔分区开始，慢慢您就会发现没那么难了，而且五笔输入法有其独特的优势。

英文单词有26个字母分别对应键盘上的字母键位，但汉字的数量已经难以计算了，常用汉字有3500多个，除了拼音输入法，要使用五笔输入法就必须将汉字的组成结构拆分成几个基本的字根。在输入汉字时，只需按照书写顺序依次按下这些字根所在的键位即可。五笔编码由130多个基本的字根组成，并按一定的规律分布在键盘的25个（除Z键）字母键位上。

4.1.1 五笔字型的键盘分区及字根的分布规律

在五笔字型中，单字是由字根组合起来的，字根是由若干笔画交叉复合而形成的固定结构，笔画又分为5种类型，分别是横、竖、撇、捺、折。

[跟我学] 了解五笔字型的键盘分区和字根的分布规律

每种笔画都有一个编号，根据编号顺序把键盘上除【Z】键以外的其他25个字母键划分为5个分区，如图4-1所示。每个分区中的字根首笔笔画都与该分区的笔画相同或相近。

图4-1

从图4-1可以看出，每个分区中包含有5个键位，这些键位也有顺序标识，在按键的右下角显示，如"11、23、42"等，这是五笔编码中按键的区位号，每个区的5个按键被分别标识为1～5位，如"22"表示2区2位，即【J】键。

每个区中的位号都是按照字母在键盘上的位置由中间向两边排列的。五笔键区的区位编码是必须要掌握的，在进行五笔打字时经常用区位来代替按键名称，每个区位上都分布有不同的字根。

字根是构成汉字的基本单位，也是学习五笔字型输入法的基础。在五笔输入法中将组字能力、出现频率很高的字根称为基础字根，这些基础字根均匀地分布在【A～Y】键上，其在键盘上的分布遵循以下规律。

● **首笔笔画代号与区号一致** 字根的首笔笔画代号与其所在的区号一致。例如"大"、"犬"字根的首笔为横，代号为1，因此它们位于1区；"彳"的起笔为撇，代号为3，因此位于3区。

● **次笔笔画代号与位号一致** 通常情况下，字根的第二笔笔画代号与它的位号一致。例如"犬"字根的首笔为横，第二笔为撇，代表其位于1区3位。

● **相似的字根在相同的键位上** 一些字形相似的字根，往往在相同的键位上。例如"已"、"巳"、"己"它们都在【N】键上，"田"、"甲"、"四"它们都在【L】键上。

● **基本笔画个数与位号一致** "横"、"竖"、"撇"、"捺"、"折"基本笔画和它们的复合笔画形成的字根，笔画的数量与位号一致。如图4-2所示。

字根	笔画数	区位号	字根	笔画数	区位号	字根	笔画数	区位号
一	1	11	丿	1	31	乙	1	51
二	2	12	⁼	2	32	巜	2	52
三	3	13	≡	3	33	巛	3	53
丨	1	21	丶	1	41			
‖	2	22	冫	2	42			
‖|	3	23	氵	3	43			
‖||	4	24	灬	4	44			

图4-2

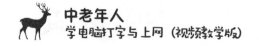
4.1.2 字根的键盘分布图

要记住130多个基本字根在键盘上的分布，对五笔字型的初学者来说的确有很大的难度，可运用一些朗朗上口的字根助记词来帮助中老年朋友记忆。首先来看看如图4-3所示的五笔字根的键盘分布图。

图4-3

图4-3所示的是86版五笔编码，是使用最广泛的一种编码形式，其助记词共有25句，每句对应一个键位上的字根，如表4-1所示。

[跟我学] 认识字根键位和助记词

表4-1

分区	区位	键位	助记词
1区 横起笔	11	G	王旁青头戋（兼）五一
	12	F	土士二干十寸雨
	13	D	大犬三（羊）古石厂
	14	S	木丁西
	15	A	工戈草头右框七
2区 竖起笔	21	H	目具上止卜虎皮
	22	J	日早两竖与虫依
	23	K	口与川，字根稀
	24	L	田甲方框四车力
	25	M	山由贝，下框几
3区 撇起笔	31	T	禾竹一撇双人立，反文条头共三一
	32	R	白手看头三二斤

续表

分区	区位	键位	助记词
3区 撇起笔	33	E	月彡（衫）乃用家衣底
	34	W	人和八，三四里
	35	Q	金勺缺点无尾鱼，犬旁留儿一点夕，氏无七（妻）
4区 捺起笔	41	Y	言文方广在四一，高头一捺谁人去
	42	U	立辛两点六门疒
	43	I	水旁兴头小倒立
	44	O	火业头，四点米
	45	P	之宝盖，摘礻（示）衤（衣）
5区 折起笔	51	N	已半巳满不出己，左框折尸心和羽
	52	B	子耳了也框向上
	53	V	女刀九臼山朝西
	54	C	又巴马，丢矢矣
	55	X	慈母无心弓和匕，幼无力

4.1.3 横区字根详解

横区就是第一笔均为"一"的5个键，包括【G】、【F】、【D】、【S】、【A】，下面来详细了解该区的字根，如图4-4所示。

[跟我学] 深入理解横区字根

G键速记口诀 ——→ **王旁青头戋（兼）五一**

字根分析：

"王旁"指偏旁部首"王"，同时也指"王"字；
"青头"指"青"字的上半部分"龶"；"戋"
与兼同音；"五一"分别指"五"和"一"。

图4-4

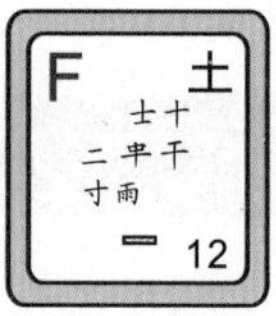

F键速记口诀 → **土士二干十寸雨**

字根分析：
口诀中的"土"、"士"、"二"、"干"、"十"、"寸"都是一个字根。另外，土包括了"圠"，"寸"包括了"扌"，此外，还包括"革"的下半部分"半"。

D键速记口诀 → **大犬三羊古石厂**

字根分析：
口诀中的"大"、"犬"、"三"、"石"和"厂"为5个字根。其中，三羊可联想为"手"、"手"，古石厂可联想为"丆"、"ナ"、"厂"，"镸"字根需要单独记忆。

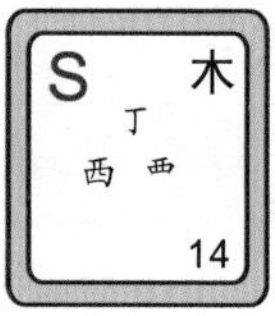

S键速记口诀 → **木丁西**

字根分析：
该键中的字根较少，其中"覀"为"西"的变形字根。在记忆时，可以联系"4"来记忆。首先该键的字根共有4个，而"木"有4画、"丁"排甲乙丙丁的第4位；"西"字下部是"四"，S的发音也与"4"有联系。

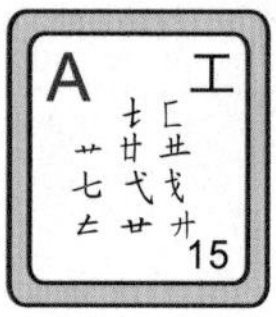

A键速记口诀 → **工戈草头右框七**

字根分析：
"工戈"分别指"工"和"戈"、"弋"、"七"3个字根，"草头"即指草字头的字根，包括"艹"、"廿"、"卝"和"廾"，"右框"顾名思义"匚"；"七"包括"七"和"匕"。

图4-4（续）

4.1.4 竖区字根详解

竖区就是第一笔均为"丨"的5个键，包括【H】、【J】、【K】、【L】和【M】，下面来详细了解该区的字根，如图4-5所示。

[跟我学] 深入理解竖区字根

H键速记口诀 ➡️ **目具上止卜虎皮**

字根分析：
口诀中的目指"目"字根，具上可理解为具的上部，即"且"，止包含了"止"、"𣥂"两个字根，"卜"包括"卜"和"⺊"，"虎皮"可以想象为"虎"只留下"皮"，即"厂"和"尸"。

J键速记口诀 ➡️ **日早两竖与虫依**

字根分析：
"日早"指"日"和"早"，其中，"日"可联想到"日"和"𭕄"。两竖则包括"刂"、"刂"、"刂"和"刂"字根，"与虫依"指字根"虫"。

K键速记口诀 ➡️ **口与川，字根稀**

字根分析：
该键仅有"口"与"川"两个基本字根和一个"川"字根的变形"川"，口诀中的"字根稀"很好地说明了该键字根较少。

L键速记口诀 ➡️ **田甲方框四车力**

字根分析：
"田甲"包括"田"和"甲"两字根，"方框"按字面意思理解为"囗"，"四"用联想法记忆为"四"、"皿"、"罒"、"皿"、"皿"和"川"，"车力"包括"车"和"力"两个字根。

M键速记口诀 ➡️ **山由贝，下框几**

字根分析：
"山由贝"指"山"、"由"和"贝"3个字根，"下框"指开口向下的字根，包括"冂"和"刀"，"几"指"几"字根。另外，该键中还包括了"骨"字的上半部分"冎"字根。

图4-5

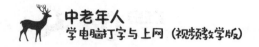

4.1.5 撇区字根详解

撇区就是第一笔均为"丿"的5个键，包括【T】、【R】、【E】、【W】和【Q】，该区所包含的字根最多，口诀中并没有包含完所有的字根，在记忆时可以根据字根的分布规律来记忆，下面详细了解该区的字根，如图4-6所示。

[跟我学] 深入理解撇区字根

 T键速记口诀 ➡️ **禾竹一撇双人立，反文条头共三一**

字根分析：

"禾竹"包含了"禾"和"竹"两个字根，"一撇"即指"丿"字根，"双人立"很好理解，指"彳"。"反文"指反文旁"攵"，"条头"指"条"的上半部分"夂"。"共三一"是键位代码，指本句所包含的字根都在3区1位上。此外，该键中还包含"丿"字根。

 R键速记口诀 ➡️ **白手看头三二斤**

字根分析：

"白"指"白"字根，"手"包括"手"和"扌"，"看头"是指"手"，"三二"表示本句的字根在3区2位上。"斤"可以联想到"斤"和"斤"两个字根。此外，该键还包含"匕"和"厂"字根。

 E键速记口诀 ➡️ **月彡（衫）乃用家衣底**

字根分析：

"月"指"月"字根，由"月"还可以联想到"舟"字根。"彡"以"衫"发音，"乃用"指"乃"和"用"两个字根。"家衣底"指"家"和"衣"两个字的下半部分，包括"豕"、"豸"、"衣"、"以"、"爫"和"食"等字根。此外，该键中还包含"丷"字根。

 W键速记口诀 ➡️ **人和八，三四里**

字根分析：

"人"包括"人"和"亻"，"八"指"八"字根，由"八"还可以联想到"癶"和"祭"两字根，"三四里"表示这些字根位于3区4位。

图4-6

Q键速记口诀 ➔ **金勺缺点无尾鱼，犬旁留叉儿一点夕，氏无七（妻）**

字根分析：

"金勺缺点"指"勺"去掉点，即"勹"，"无尾鱼"指"鱼"没有尾巴即"龟"。"犬旁留叉"指"犭"和"乂"，"儿"指"儿"、"几"和"心"；"一点夕"指"夕"、"夕"和"夕"，"氏无七"指"亻"和"匚"。

图4-6（续）

拓展学习 | 撇区字根的记忆

撇区的字根比较多，但是在本区中，有3个按键的字根，在口诀中已经说出了字根的区位码，分别是【T】键的"共三一"、【R】键的"三二斤"、【W】键的"三四里"。对于【E】键的字根可联想口诀中的"衣"谐音按键【E】。在本区中，要加强记忆【Q】键，特别是变形字根。

4.1.6 捺区字根详解

该区绝大多数字根的第一笔笔画都是"、"，包含【Y】、【U】、【I】、【O】和【P】5个键，下面来详细了解该区的字根，如图4-7所示。

[跟我学] 深入理解捺区字根

Y键速记口诀 ➔ **言文方广在四一，高头一捺谁人去**

字根分析：

"言"指"言"和"讠"两字根，"文方广"指"文"、"方"和"广"3个字根，"在四一"指该句的字根位于4区1位。"高头"指"亠"和"冖"，"一捺"包括"㇏"和"、"，"谁人去"指"讠"。

U键速记口诀 ➔ **立辛两点六门疒（病）**

字根分析：

"立辛"指"立"和"辛"字根，"两点"可以联想到"冫"、"丷"、"丷"、"丷"、"业"和"忄"等，"六"有"六"和"亠"，"门"即指"门"字根，"疒"以"病"发音。

图4-7

I键速记口诀 ⟶ **水旁兴头小倒立**

字根分析：

"水旁"可以联想到"水"、"氵"、"氺"、"⺍"和"水"，"兴头"指"⺌"和"⺍"，"小倒立"有"小"、"⺍"、"⺰"和"业"。

O键速记口诀 ⟶ **火业头，四点米**

字根分析：

"火"即指"火"字根，"业头"指"业"字的上半部，包括"业"、"灬"和"⺮"，"四点"指"灬"，"米"则指"米"字根。

P键速记口诀 ⟶ **之宝盖，摘礻（示）衤（衣）**

字根分析：

"之"包括"之"、"辶"和"廴"字根，"宝盖"指"冖"和"宀"，"摘礻（示）衤（衣）"表示"礻"和"衤"摘去末笔，即"衤"。

图4-7（续）

4.1.7 折区字根详解

该区绝大多数字根的第一笔笔画都是折，包含【N】、【B】、【V】、【C】和【X】5个键，下面来详细了解该区的字根，如图4-8所示。

[跟我学] 深入理解折区字根

N键速记口诀 ⟶ **已半巳满不出己，左框折尸心和羽**

字根分析：

"已半"指"已"（未封口），"巳满"指"巳"（封口），"不出己"指"己"。"左框"指开口向左的方框，有"⊐"和"コ"，"折"指大部分折笔画，"尸"有"尸"、"⼫"和"⼫"，"心"有"心"、"忄"和"⺗"，"羽"则指"羽"字根。

图4-8

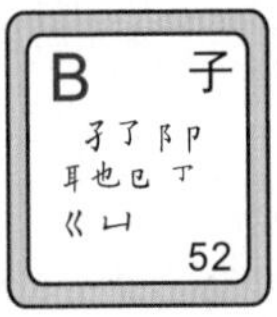

B	子
子了阝 耳也巴了 《《凵	
	52

B键速记口诀 ➡️ **子耳了也框向上**

字根分析：

"子"包括"子"和"孑"，"耳"包括了"耳"、"阝"和"卩"，"了"包括"了"和"乛"，"也"包括"也"和"巳"。"框向上"指开口向上的方框"凵"。另外，该键中还包含"《《"字根。

V	女
刀九臼彐 ⺕《《彐	
	53

V键速记口诀 ➡️ **女刀九臼山朝西**

字根分析：

"女刀"分别指"女"和"刀"，"山朝西"指"山"字的开口向西，包括"彐"、"⺕"和"彐"3个字根，此外，该按键还包括"《《"字根。

C	又
厶巴马 マ	
	54

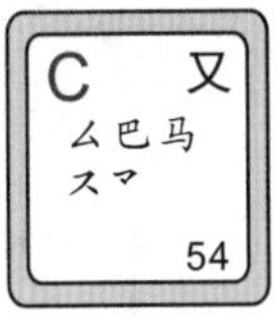

C键速记口诀 ➡️ **又巴马，丢矢矣**

字根分析：

"又"包括"ス"和"マ"，"巴马"指"巴"和"马"，"丢矢矣"表示"矣"没有了"矢"，即"厶"。

X	纟
钅弓匕 夕幺幺	
	55

X键速记口诀 ➡️ **慈母无心弓和匕，幼无力**

字根分析：

"慈母无心"指去掉"母"字的中间部分，包括"钅"和"夕"，"匕"包括"匕"和"ヒ"，"幼无力"指"幼"去掉"力"字，即"幺"。同时，该键中还包含"纟"和"幺"等字根。

图4-8（续）

4.2

了解汉字的构成

爷爷，现在您对五笔的字根应该很了解了吧！不过要想完全掌握五笔打字，还要掌握汉字的构成。

嗯，我知道了，掌握汉字的构成，是拆分汉字的基础。

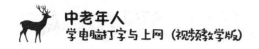
要熟练掌握五笔打字，除了要熟记字根外，还要会拆分五笔汉字，而准确快速拆分五笔汉字的基础是掌握五笔汉字的结构。

4.2.1 汉字组成的三个层次

从五笔字型的输入结构来看，主要可以分为笔画、字根和汉字三个层次。

[跟我学] 认识笔画、字根和汉字

●**笔画** 笔画是汉字组成的最小单位，即人们常说的横、竖、撇、捺、折，所有的汉字都是由这5种笔画组合而成的，如图4-9所示。

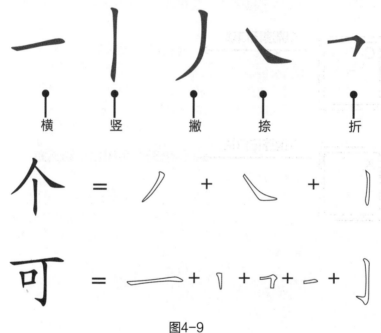

图4-9

●**字根** 字根是构成汉字最基本的单位，也是五笔输入法编码的依据，其是由若干笔画复合交叉形成的，如【T】键的"禾"字根由5个笔画构成，如图4-10所示。

图4-10

● **汉字** 汉字是字根按照一定的结构组合起来的，如将字根"女"和"子"组合起来就形成了汉字"好"，又比如将字根"禾"和"少"组合起来，就形成了汉字"秒"，如图4-11所示。

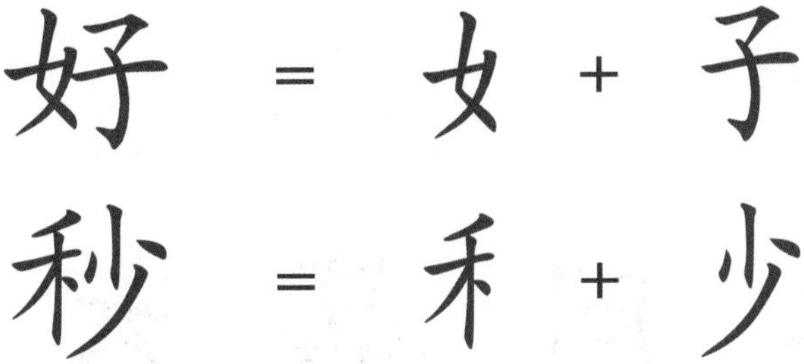

好 ＝ 女 ＋ 子

秒 ＝ 禾 ＋ 少

图4-11

拓展学习 | 笔画、字根和汉字之间的构成关系

从前面的内容可以看出，笔画、字根和汉字之间是包含与被包含的关系，即各个笔画构成了字根，各个字根又构成了汉字。

4.2.2 汉字的五种笔画

在手写汉字的时候可以发现，笔画的横、竖、撇、捺、折是有长短和轻重之分的，但在五笔输入法中，为了使文字的输入更加简便，会只考虑笔画的运笔方向，而不计较其长短和轻重。

[跟我学] 从运笔方向看五笔汉字的笔画

● **横（一）** 笔画中的"横"是指运笔方向为从左到右的笔画。如"李"、"执"、"有"、"堆"和"可"等字中的水平线段都属于"横"笔画，如图4-12所示。

李 有 执 堆 可

图4-12

● **提（╯）** 为便于笔画的分类，五笔输入法将"提"归为"横"笔画，而从"提"的运笔方向来看，其与"横"的运笔方向一致，如"打"、"擦"、"输"、"此"和"城"等汉字中"╯"，都视为横笔画，如图4-13所示。

打 擦 输 此 城

图4-13

● **竖（丨）** 笔画中的"竖"是指运笔方向从上到下的笔画，如"样"、"用"、"第"、"木"和"山"等汉字中的竖直线段都属于"竖"笔画，如图4-14所示。

样 用 第 木 山

图4-14

● **竖左钩（亅）** "竖左钩"的运笔方向也是从上到下的，因此五笔输入法将"竖左钩"归为"竖"笔画，如"制"、"系"、"护"、"除"和"寸"等汉字的"亅"，都视为竖笔画，如图4-15所示。

制 系 护 除 寸

图4-15

● **撇（丿）** 笔画中的"撇"是指运笔方向为从右上到左下的笔画，如"办"、"方"、"版"、"并"和"有"等汉字中的"丿"都属于"撇"笔画，如图4-16所示。

办 方 版 并 有

图4-16

● **捺（乀）** 笔画中的"捺"是指运笔方向为从左上到右下的笔画，如"使"、"长"、"杖"、"大"和"更"等汉字中的"乀"都属于"捺"笔画，如图4-17所示。

使 长 杖 大 更

图4-17

● 点（丶） 根据运笔方向，"点（丶）"被归为"捺"笔画中，如"会"、"视"、"玉"、"门"和"拆"等汉字中的"丶"都视为"捺"笔画，如图4-18所示。

会 视 玉 门 拆

图4-18

● 折（乛） 除竖钩"亅"以外的所有带转折的笔画都属于"折"笔画。如"母"、"私"、"鼓"、"买"和"饭"等字中都带有"折"笔画，如图4-19所示。

母 私 鼓 买 饭

图4-19

4.2.3 汉字的三种结构形式

在五笔输入法中，将汉字分为了左右型、上下型和杂合型3种结构，下面来详细认识这三种结构，如表4-2所示。

[跟我学] 认识左右型、上下型和杂合型的汉字结构

表4-2

结构	形式	详解	举例
左右型	标准左右排列	标准左右排列的汉字可以很明显地分成左右两个部分，并且每个部分之间间隔了一定的距离，每一部分由一个字根或多个字根组成，如江、归、地和加等	 
	左中右排列	左中右排列的汉字可以很明显地分为左、中、右三个部分，各部分之间间隔了一定的距离，每一部分由一个字根或多个字根组成，如树、测和辩等	
	第一种非标准左右排列	第一种非标准左右排列指虽然可分为左右两个部分，但右侧又可以分为上下两个部分，如格、赔等	

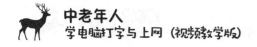

续表

结构	形式	详解	举例
左右型	第二种非标准左右排列	第二种非标准左右排列指虽然可以分为左右两个部分，但左侧又可以分为上下两部分两种，如数、封和彰等	米 女 数 女
上下型	标准上下排列	标准上下排列的汉字可以很明显地分成上下两个部分，且每部分之间有一定的距离，每一部分由一个字根或多个字根组成，如字、只和导等	字 宀 子
	上中下排列	上中下排列的汉字可以很明显地分为上、中、下三个部分，各部分之间有一定距离，如置、意、袁和黄等	置 四 十 且
	第一种非标准上下排列	虽然可以分为上下两部分，但上半部分又可以分为左右两部分，如哭、渠、怒、弩和塑等	口 口 哭 犬
	第二种非标准上下排列	虽然可以分为上下两部分，但下半部分又可以分为左右两个部分，如众、罚、萌、箱和磊等	人 众 人 人
杂合型	半包围结构	连续两个以上的边被封住的汉字，或者书写规则是先外后里的汉字都是半包围结构，如匹、区、凤和病等	匚 匹 儿
	全包围结构	一个汉字所包含的字根中，有一个字根将其余字根全部封闭地包围起来，这样的汉字结构就是全包围结构，如回、图、团和困等	口 回 口
	独体字	指汉字的一个字只有一个单个的形体，不是由两个或两个以上的形体组成的，如月，日、人、下和子等	月

拓展学习 | 独体字的重要性

虽然独体字在现在使用的汉字里所占的比例较小，但其地位却不低，它们不仅作为一个独立的字从古至今使用，而且绝大部分又都是合体字的偏旁，构字能力极强，这使得独体字成为汉字系统的核心。

4.3
汉字的拆分方法

 小精灵，我发现在五笔字根的分布图上，除了【X】键外，其他每个按键上都有一个完整的汉字呢。

 爷爷，您真聪明。这些按键上的汉字又叫键名汉字，它们其实都是单字根结构的汉字，即字根本身就是一个汉字，而其他汉字则是由字根组合而成，下面我就向您详细介绍一下字根之间的关系，让您更清楚地认识字根。

在使用五笔输入法打字时，首先需要将汉字拆分为字根，然后根据字根打出汉字，而单字根结构的汉字是不需要拆分的汉字。

4.3.1 了解字根之间的关系

汉字是由字根构成的，了解字根和字根之间的关系能够帮助中老年朋友轻松打出每个汉字。五笔字根间的关系大致可分为键名汉字、成字字根、散字根、连字根和交字根。

[跟我学] 认识汉字的字根结构

● 键名汉字 在五笔字根分布图上，有24个字母键上都有一个键名汉字，如【A】键的"工"、【S】键的"木"等，键名汉字都是单字根结构的汉字。

● 成字字根 除了键名汉字以外，每个按键上也存在一些本身就是汉字的字根，此类字根被称为成字字根，这些汉字也属于单字根结构的汉字，如【Q】键的"儿"、【W】键的"八"等。

● 散字根 散字根结构的汉字通常为左右型和上下型，这类汉字由两个或两个以上字根组成，并且各字根之间保持一定距离，如相、各等字，如图4-20所示。

图4-20

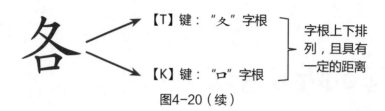

图4-20（续）

● 连字根 连字根结构的汉字是指由一个基本字根和单笔画组成的汉字，包括由单笔画和一个基本字根组成的，如天、入和久字，以及由一个孤立的点笔画和一个基本字根构成，如术、勺、太和义等，如图4-21所示。

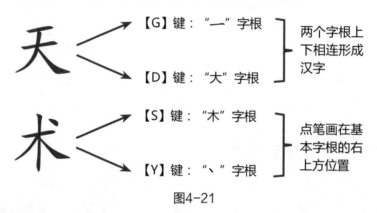

图4-21

● 交字根 交字根结构的汉字是指整个汉字由两个或两个以上字根相互交叉而成，字根与字根之间没有距离，包括汉字中的所有字根全部相交，如里、中和本等，以及由两个以上的字根组成，汉字中的部分字根或者全部字根相交，如两、册和兼等，如图4-22所示。

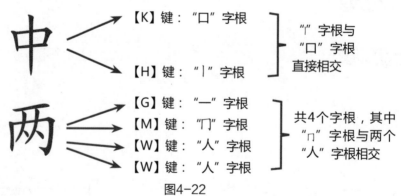

图4-22

4.3.2 汉字拆分原则

汉字的拆分原则可分为书写顺序、取大优先、兼顾直观、能散不连和能连不交5种。

[跟我学] 认识五种汉字拆分原则

● **书写顺序** 在书写汉字时，通常都是按照从左到右、从上到下和从外到内的顺序来书写的，而在使用五笔拆分汉字和取码时，也遵循这一原则。如"指"的书写顺序是"扌"、"匕"、"日"，其编码顺序为【R】、【X】、【J】。

● **取大优先** "取大优先"原则是指当一个汉字可以拆分出几个不同的字根时，优先选择笔画数最多的字根。简单来说，就是键名汉字不拆分、成字字根不拆分和字根本身不拆分。如"果"的正确拆分应是"曰"、"木"，而不是"曰"、"十"、"八"，这是因为"木"为【S】键的键名汉字，不需要对其再进行拆分。

● **兼顾直观** "兼顾直观"原则是指在拆分汉字时，要尽量保证汉字的完整性，能够形成整字字根的，就不要将其拆散，如"国"应拆分为"口"、"王"、"、"，而不是按"书写顺序"拆成"门"和"一"，这样的拆分方法破坏了汉字构造的直观性。

● **能散不连** "能散不连"原则是指组成汉字的字根与字根之前若能拆分为"散"的关系，就不要按"连"的关系来拆分，如"矢"按单笔画和多个字根构成连关系可以拆分为"丿"、"二"和"人"3个字根，而"丿"字根和"二"字根的"一"笔画可构成"乍"字根，根据"能散不连"原则应将"矢"拆分为"乍"和"大"字根。

● **能连不交** "能连不交"原则是指当构成汉字的各字根之间既可以拆分为"连"结构，又可拆分为"交"结构的字根时，应优先选择"连"结构的字根，如"生"按"取大优先"原则可拆分为"乍"、"土"，这样的拆分方式使得"土"字根的"丨"笔画与"乍"字根的"一"笔画相交，根据"能连不交"原则应将其拆分为单笔画"丿"和"圭"字根的"连"关系。

4.3.3 实际操作与技巧

了解了汉字的拆分原则后，接下来就可以尝试对汉字进行拆分了。在拆分汉字的过程中，还有一些易错的汉字需要特别注意，如表4-3所示。

[跟我学] 易错汉字拆分实操

表4-3

易错汉字	错误拆分	正确拆分
尴	九 ∥ 乀 皿	九 乚 ∥ 皿
来	一 丶丶 木	一 米
哦	口 一 一 丿	口 丿 扌 丿
身	丿 目 一 丿	丿 冂 三 丿
既	日 厶 一 九	彐 厶 二 儿
满	氵 卄 口 八	氵 卄 一 八
行	彳 一 丁	彳 二 亅
曳	日 乂	曰 匕
歉	丷 彐 ∥ 人	丷 彐 卅 人
牙	一 乚 亅 丿	二 亅 丿
派	氵 厂 乀 丶	氵 厂 民

技巧强化 | 字根的使用个数

当使用五笔输入法输入汉字时，最多只用4个字根，如果汉字的字根超过了4个，那么只需输入前3个与最后一个字根，如输入"键"时，只需输入"钅"、"彐"、"二"、"廴"，如图4-23所示。

图4-23

第5章
05

中老年人快乐学会五笔打字

学习目标

掌握了前面关于五笔打字的基础知识后，接下来就可以进阶到用五笔输入汉字了。在五笔输入法中，不同的汉字有不同的输入方法，下面来就来学习这些方法。

要点内容

- 输入单笔笔画
- 输入键名汉字
- 输入成字字根
- 输入偏旁部首
- 输入刚好四码的汉字
- 输入一级简码
- 输入二级简码
- 输入三级简码
- 输入二字词组
- 输入三字词组

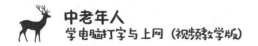

5.1 输入键面汉字

我想用五笔输入法输入"木"字，但是我按了两次【S】键却打不出来，这是怎么回事呢？

爷爷，"木"字是键面汉字，在使用五笔输入法输入时，如果您要输入键面汉字，仅仅按两次字母键位是不行的。

使用五笔输入法输入汉字是最简单的，也是最基础的就是输入键面汉字，下面就来看看键面汉字的具体输入方法。

5.1.1 输入单笔笔画

"横"、"竖"、"撇"、"捺"和"折"是五种基本笔画，使用五笔输入法输入这五种笔画是有一定规则的。

[跟我学] 单笔画的输入方法

单笔画的输入规则是，前两码为该笔画的键位，后两码统一为【L】键，如图5-1所示为单笔画的输入规则和对应的编码。

按两次该笔画对应的键位		按两次【L】键	输入	对应的单笔画
【G】【G】	+	【L】【L】	输入	横：一
【H】【H】	+	【L】【L】	输入	竖：丨
【T】【T】	+	【L】【L】	输入	撇：丿
【Y】【Y】	+	【L】【L】	输入	点：丶
【N】【N】	+	【L】【L】	输入	折：乙

图5-1

拓展学习 | 单笔画中的"捺"与"折"

在使用五笔输入法输入"捺"笔画时，输入的结果为"点"，而由于折笔画的变形比较多，因此通过五笔输入法输入"折"笔画时，输入结果为"乙"。

5.1.2 输入键名汉字

从五笔字根分布图可以看出，每个按键都有一个键名汉字，除【X】键外，只要牢记其他键名汉字的键位就可以很快输入它们。

[跟我学] 键名汉字的输入方法

键名汉字的输入规则很简单，只需连续按4次对应的键位即可输入对应的汉字，如图5-2所示。

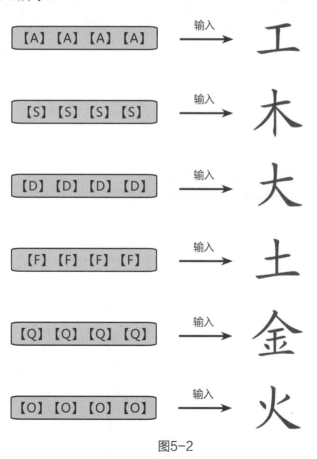

图5-2

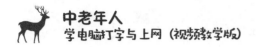

5.1.3 输入成字字根

在五笔字根分布图上，除了键名汉字外，还有本身就是汉字的成字字根，成字字根有其独特的输入规则。

[跟我学] 成字字根的输入方法

相比单笔画和键名汉字，成字字根的输入规则要复杂一些，为户籍键+首笔笔画+次笔笔画+末笔笔画。户籍键是指成字字根所在的键位，如输入"甲"，对应的方法如图5-3所示。

$$甲 = \boxed{\begin{array}{l} L \quad\quad 田 \\ 甲口四 \\ 田皿罒皿 \\ 车力 \text{\tiny川} \\ \hfill 24 \end{array}} + 丶 + フ + 丨$$

> 说明：汉字"甲"的户籍键是【L】键，该汉字的第一笔笔画为"竖"，对应的按键为【H】键；第二笔笔画为"折"，对应的按键为【N】键；最后一笔笔画为"竖"，对应的按键为【H】键，因此该成字字根的五笔编码为"LHNH"。

图5-3

如表5-1所示为王码五笔86版成字字根编码表，中老年人只要熟记其五笔编码，即可快速输入成字汉字。

表5-1

成字字根	五笔编码	成字字根	五笔编码
五	GG	一	G
士	FGHG	二	FG
干	FGGH	十	FGH
雨	FGHY	寸	FGHY
犬	DGTY	三	DG
古	DGH	石	DGTG
厂	DGT	丁	SGH
西	SGHG	戈	AGNT

续表

成字字根	五笔编码	成字字根	五笔编码
七	AG	上	H
止	HH	卜	HHY
早	JH	虫	HNHY
川	KTHH	甲	LHNH
四	LH	车	LG
力	LT	竹	TTG
手	RT	斤	RTT
乃	ETN	用	ET
八	WTY	儿	QT
文	YYGY	方	YY
广	YYGT	辛	UYGH
六	UY	门	UYH
小	IH	米	OY
己	NNGN	巳	NNGN
尸	NNGT	心	NY
羽	NNY	耳	BGH
了	B	也	BN
刀	VN	九	VT
臼	VTHG	巴	CNH
马	CN	幺	XNNY
弓	XNG	匕	XTN

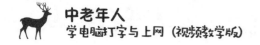
5.1.4 输入偏旁部首

大多数五笔字根都是由偏旁部首演变而来的，但其与五笔中的字根又有一定区别，偏旁部首也有其输入规则。

[跟我学] 偏旁部首的输入方法

在五笔输入法中，若汉字的偏旁部首与字根相同，那么该偏旁部首的输入方法与字根相同，如偏旁部首"艹"，如图5-4所示。

$$ 艹 = \boxed{A} \quad + \quad 一 \quad + \quad | \quad + \quad | $$

> 说明："艹"是【A】键的字根，那么其对应的户籍键便是【A】键，该偏旁第一笔笔画为"横"，按键为【G】键；第二笔笔画为"竖"，按键为【H】键；第三笔笔画为"竖"，按键为【H】键，因此该偏旁部首的五笔编码为"AGHH"。

图5-4

若该偏旁部首可以拆分为字根，那么就要按照汉字的拆分原则来拆分，然后再输入对应的编码，如偏旁部首"犭"，如图5-5所示。

$$ 犭 = 犭 \quad + \quad ノ $$

> 说明：偏旁部首"犭"并不是字根，因此要将其拆分为"犭"和"ノ"其对应的五笔编码为"QTE"。

图5-5

类似的偏旁部首还有很多，如"肀"，"肀"本身不是字根，需将其拆分为"乚"、"丨"和"彐"，对应的五笔编码为"NHDE"。再比如"礻"，本身不是字根，需将其拆分为"礻"、"丶"，对应的五笔编码为"PYI"。

虽然在日常输入汉字的过程中，并不常输入偏旁部首，但为了以备不时之需，掌握偏旁部首的输入方法仍是很有必要的。

拓展学习 | 偏旁部首的末笔识别码

从前面的例子可以看出，有的偏旁部首拆分出来只有两个字根或三个字根，但其对应的五笔编码却有三个或四个，多出来最末的这个编码被称为末笔识别码，作用是减少重码率，具体使用方法将在后面详细介绍。

5.2
输入键外汉字

小精灵，对于键面汉字的输入方法我已经掌握，你能给我讲讲其他汉字的输入方法吗？我现在刚好有空。

爷爷，输入汉字要注意三种情况，包括刚好四码的汉字、超出四码的汉字和不足四码的汉字，下面我分别给您说说。

使用五笔输入法最重要的就是输入汉字，而输入单个汉字也是有一定规则的。

5.2.1 输入刚好四码的汉字

刚好四码的汉字是指组成汉字的字根有且仅有4个，那么要如何使用五笔输入法输入这类汉字呢？

[跟我学] 刚好四码的汉字的输入规则

对于刚好四码的汉字，在使用五笔输入法输入时，只需按照汉字的拆分原则，依次输入对应的编码即可，如输入"耕"，按照汉字的拆分原则拆分，将拆分出如图5-6所示的4个字根，根据字根对应的编码，使用五笔输入法输入四码即可。

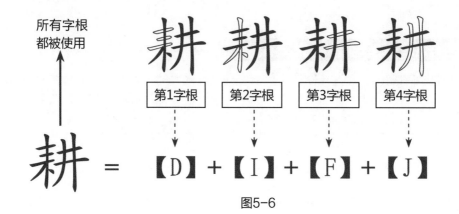

图5-6

类似的汉字还有很多，如"袋"按照汉字的拆分原则也可以拆分出4个字根，其编码刚好是四码，如图5-7所示。

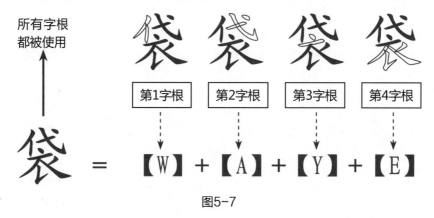

图5-7

5.2.2 输入超出四码的汉字

超过四码的汉字是指构成汉字的字根数量大于4个，这时如若仍按书写顺序依次取每个字根进行编码，那么编码的长度会超出4个，这些汉字的输入规则如下所示。

[跟我学] 超出四码的汉字的输入规则

对于超过四码的汉字，在使用五笔输入法输入时，其取码规则是：第1字根+第2字根+第3字根+最末字根，如输入"鲠"，取码时会忽略"曰"字根，而输入"擦"时，会忽略"二"字根，如图5-8所示。

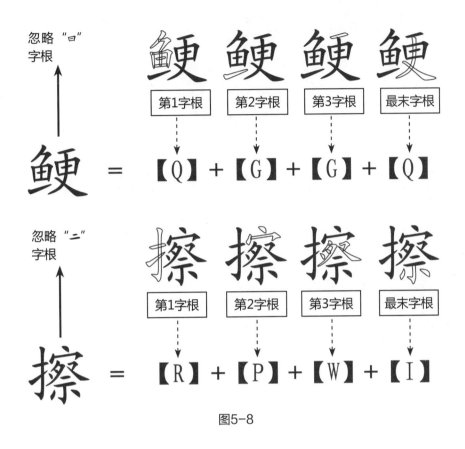

图5-8

5.2.3 输入不足四码的汉字

在拆分汉字时会发现，有些汉字拆分后字根不足4个。部分汉字可能在输入第一或第二个编码时就会出现在候选框中，但也可能出现当所有编码都输入完成了却还是找不到所需汉字的情况，对于此类汉字，在使用五笔输入法输入时要遵循以下规则。

[跟我学] 不足四码的汉字的输入规则

对不足四码的汉字进行拆分后，在输入拆分出来的编码时，如果在部分或全部编码输入完成后，能够在候选框的第一个位置找到该汉字，那么就可按【空格】键或【1】键输入，如"据"字，在输入3位编码后，就能在候选框的第一个位置找到该汉字，此时就可以按【空格】键或【1】键，如图5-9所示。

输入3个编码
后在候选框出
现汉字

| 第1字根 | 第2字根 | 第3字根 |

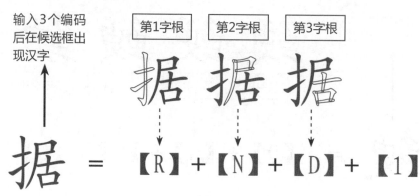

据 = 【R】+【N】+【D】+【1】

图5-9

如果在部分或全部编码输入完成后，不能够在候选框的第一个位置找到该汉字，或候选框中根本没有该汉字，那么就需要添加末笔字型识别码（简称末笔识别码），例如"庠"字，如图5-10所示。

输入3个编码后，
还需输入末笔识
别码【K】

| 第1字根 | 第2字根 | 第3字根 |

庠 = 【Y】+【U】+【D】+【K】

图5-10

技巧强化 | 输入添加末笔识别码后仍不足四码的汉字

如果汉字添加末笔识别码后仍不足四码，这时可以通过补击【空格】键或者【1】键的方式确认输入，如输入"责"，如图5-11所示。

输入2个编码后
在候选框未出现

| 第1字根 | 第2字根 | 末笔识别码 |

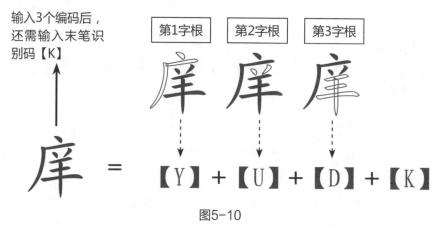

责 = 【G】 + 【M】 + 【U】 + 【1】

图5-11

5.2.4 末笔识别码的使用

末笔字型识别码是末笔识别码和字型识别码的组合，其作用是减少候选框中的候选字个数，也就是降低重码率，下面来具体认识末笔字型识别码。

[跟我学] 末笔识别码在五笔打字中的使用规则

末笔字型识别码中的末笔识别码是指汉字最末笔画的代码，而字型识别码是指汉字字形的代码，两者组合在一起就生成了两位数代码，如表5-2所示。

表5-2

笔画	左右型（1）	上下型（2）	杂合型（3）
横（一）1	11	12	13
竖（丨）2	21	22	23
撇（丿）3	31	32	33
捺（丶）4	41	42	43
折（乙）5	51	52	53

从表5-2可以看出，末笔字型识别码与五笔键盘中按键的区位码相同，因此可以将每个末笔字型识别码与五笔键盘中的区位码对应起来，如表5-3所示。

表5-3

笔画	左右型（1）	上下型（2）	杂合型（3）
横（一）1	【G】键	【F】键	【D】键
竖（丨）2	【H】键	【J】键	【K】键
撇（丿）3	【T】键	【R】键	【E】键
捺（丶）4	【Y】键	【U】键	【I】键
折（乙）5	【N】键	【B】键	【V】键

下面以"吞"为例来看看末笔字型识别码在五笔输入法中的具体应用，如图5-12所示。

| 第1字根 | 第2字根 | 第3字根 | 末笔识别码 |

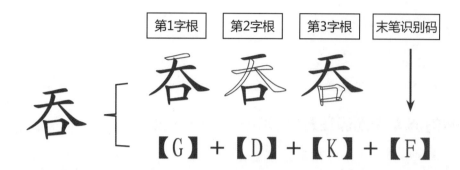

吞 〔 吞 吞 吞

【G】 + 【D】 + 【K】 + 【F】

说明："吞"的最后一笔笔画为"一"，对应的笔画代码为"1"，该汉字为上下型结构，字型代码为"2"，因此末笔识别码为"12"，对应区位码为【F】键，因此该汉字的五笔编码为"GDKF"。

图5-12

拓展学习｜末笔识别码的特殊规定

"成"、"我"和"浅"等汉字的末笔要遵循"从上到下"的原则，以笔画撇"丿"作为末笔；"仇"、"刀"和"七"等汉字的末笔，以笔画折"乙"作为末笔；"辶"、"廴"、"门"、"广"等字根组成的半包围结构的汉字，以及由"囗"字根组成的全包围结构的汉字，其末笔笔画都采用被包围部分的末笔，如"困"，其末笔笔画采用"、"。另外，"太"、"叉"、"头"、"勺"等单独带一点"、"的汉字，一律以点"、"作为末笔。

5.3 利用简码输入汉字

我感觉我用五笔输入法来打字好慢啊，有没有什么好方法能够帮助我提高打字的速度呢？

当然有，对于那些常用的汉字，五笔输入法制定了简码规则，使用简码输入汉字将会大大提高打字速度。

五笔输入法为高频汉字制定了一级简码、二级简码和三级简码规则，在输入汉字时，简码会让汉字的输入更简单。

5.3.1 输入一级简码

一级简码汉字是最为特殊的汉字，在五笔键盘中，按键【A】~【Y】都一一对应了一个一级简码汉字，如【A】键的"工"，【S】键的"要"等。

[跟我学] 如何使用一级简码输入汉字

在五笔输入法中，一级简码汉字的输入规则是：简码所在键位+【空格】键，如图5-13所示。

$$和 = 【T】 + 【空格】$$

$$我 = 【Q】 + 【空格】$$

图5-13

一级简码的汉字比较少，为方便在使用时更熟练地输入，可以按照如图5-14所示的口诀来记忆。

一地在要工	G、F、D、S、A
上是中国同	H、J、K、L、M
和的有人我	T、R、E、W、Q
主产不为这	Y、U、I、O、P
民了发以经	N、B、V、C、X

图5-14

5.3.2 输入二级简码

二级简码是指按照汉字的拆分原则进行拆分，但只取前两个字根形成编码的汉字。

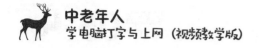
[跟我学] 如何使用二级简码输入汉字

使用五笔输入法输入二级简码汉字的规则是：第1字根+第2字根+【空格】键，如图输入"轻"，如图5-15所示。

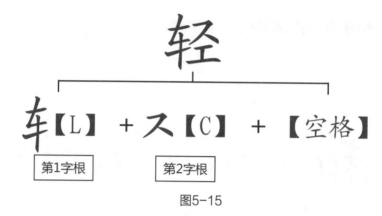

图5-15

二级简码汉字比较多，表5-4所示为二级简码对照表（若表内容为空，则表示该键位上没有对应的二级简码），在对照表格输入汉字时，应先输入汉字所在行的键位，再输入所在列的键位，如输入"钱"，应先按【Q】键，再按【G】键。

表5-4

	GFDSA 11----15	HJKLM 21----25	TREWQ 31----35	YUIOP 41----45	NBVCX 51----55
G11	五于天末开	下理事画现	玫珠表珍列	玉平不来	与屯妻到互
F12	二寺城霜载	直进吉协南	才垢圾夫无	坟增示赤过	志地雪支
D13	三夺大厅左	丰百右历面	帮原胡春克	太磁砂灰达	成顾肆友龙
S14	本村枯林械	相查可楞机	格析极检构	术样档杰棕	杨李要权楷
A15	七革基苛式	牙划或功贡	攻匠菜共区	芳燕东 芝	世节切芭药
H21	睛睦睚盯虎	止旧占卤贞	睡睥肯具餐	眩瞳步眯瞎	卢 眼皮此
J22	量时晨果虹	早昌蝇曙遇	昨蝗明蛤晚	景暗晃显晕	电最归紧昆
K23	呈叶顺呆呀	中虽吕另员	呼听吸只史	嘛啼吵噗喧	叫啊哪吧哟
L24	车轩因困轼	四辊加男轴	力斩胃办罗	罚较 辚边	思团轨轻累
M25	同财央朵曲	由则 崭册	几贩骨内风	凡赠峭赕迪	岂邮 凤嶷

续表

	GFDSA 11----15	HJKLM 21----25	TREWQ 31----35	YUIOP 41----45	NBVCX 51----55
T31	生行知条长	处得各务向	笔物秀答称	入科秒秋管	秘季委么第
R32	后持拓打找	年提扣押抽	手折扔失换	扩拉朱搂近	所报扫反批
E33	且肝须采肛	胖胆肿肋肌	用遥朋脸胸	及胶膛膦爱	甩服妥肥脂
W34	全会估休代	个介保佃仙	作伯仍从你	信们偿伙	亿他分公化
Q35	钱针然钉氏	外旬名匍负	儿铁角欠多	久匀乐炙锭	包凶争色
Y41	主计庆订度	让刘训为高	放诉衣认义	方说就变这	记离良充率
U42	闰半关亲并	站间部曾商	产瓣前闪交	六立冰普帝	决闻妆冯北
I43	汪法尖洒江	小浊澡渐没	少泊肖兴光	注洋水淡学	沁池当汉涨
O44	业灶类灯煤	粘烛炽烟灿	烽煌粗粉炮	米料炒炎迷	断籽娄烃糯
P45	定守害宁宽	寂审宫军宙	客宾家空宛	社实宵灾之	官字安 它
N51	怀导居 民	收慢避惭届	必怕 愉懈	心习悄屡忱	忆敢恨怪尼
B52	卫际承阿陈	耻阳职阵出	降孤阴队隐	防联孙耿辽	也子限取陛
V53	姨寻姑杂毁	叟旭如舅妞	九 奶 婚	妨嫌录灵巡	刀好妇妈姆
C54	骊对参骠戏	骒台劝观	矣牟能难允	驻驿 驼	马邓艰双
X55	线结顷 红	引旨强细纲	张绵级给约	纺弱纱继综	纪弛绿经比

5.3.3 输入三级简码

三级简码是根据汉字拆分原则拆分后，只取前3个字根的编码，其规则与二级简码相似。

[跟我学] 如何使用三级简码输入汉字

使用五笔输入法输入三级简码汉字的规则是：第1字根+第2字根+第3字根+【空格】键，如"诈"，分别取"Y"、"T"、"H"字根的编码，然后再按【空格】键，如图5-16所示。虽然三级简码也需要按4次按键，但由于不需要考虑第4码是什么，因此输入起来更简便。

图5-16

5.4 固定词组的输入

小精灵，在使用简码输入汉字的过程中我在想，是不是输入词组也可以像输入单个汉字一样用类似简码的方法呢？这样是不是可以让输入速度更快？

爷爷，您真聪明，知道举一反三。虽然输入词组用的不是简码，但其取码规则的原理确实也是将编码简化，只取部分字根。

对于词组的输入，五笔输入法同样提供了快速输入的方法，五笔字型词组的输入可以分为二字词组、三字词组、四字词组和多字词组。

5.4.1 输入二字词组

二字词组就是仅由两个汉字组成的词组，是常常会输入的词组类型，对于这类词组，要如何使用五笔输入法快速输入呢？

[跟我学]如何使用五笔输入法输入二字词组

一般情况下，二字词组的取码规则是：第一个字的前两个字根+第二个字的前两个字根。如输入"美丽"，在这个词组中，第一个汉字为"美"，其第1字根为"丶"，第2字根为"王"；第二个汉字为"丽"，其第1字根为"一"，第2字根为"冂"，因此，二字词组"美丽"的五笔编码如图5-17所示。

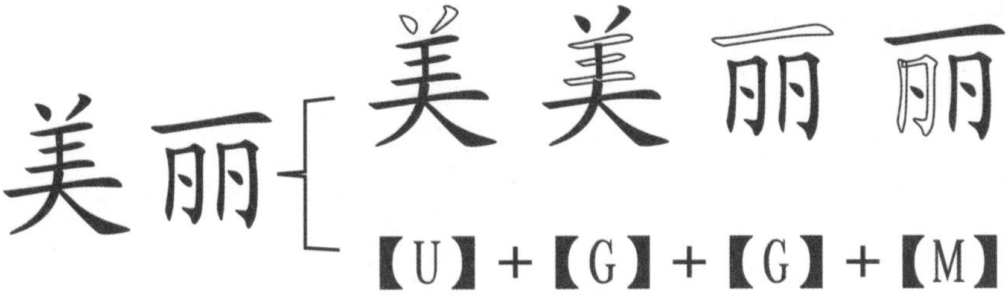

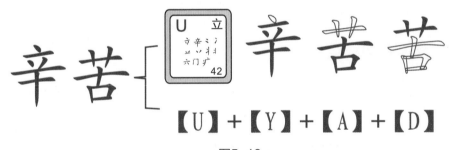

美丽
美 美 丽 丽
【U】+【G】+【G】+【M】

图5-17

如果二字词组中有字是成字字根，那么输入规则会有所不同，该词组中的成字字根应按照户籍键+第一笔笔画的规则输入。如输入“辛苦”，该词组中的第一个汉字为“辛”，该汉字是成字字根，因此取其户籍键【U】和第1字根“丶”；第二个汉字为“苦”，其第1字根为“艹”，第2字根为“古”，因此，该词组的五笔编码如图5-18所示。

辛苦
U 立
42
辛 苦 苦
【U】+【Y】+【A】+【D】

图5-18

当二字词组中有字是键名汉字时，键名汉字取其前两码，即连续按两次该键名汉字所在的按键，如输入“立即”，该词组中的汉字“立”为键名汉字，因此连续按两次【U】键；第二个汉字为“即”，其第1字根为“彐”，第2字根为“⺃”，因此，该词组的五笔编码如图5-19所示。

立即
U 立
42
U 立
42
即 即
【U】+【U】+【V】+【C】

图5-19

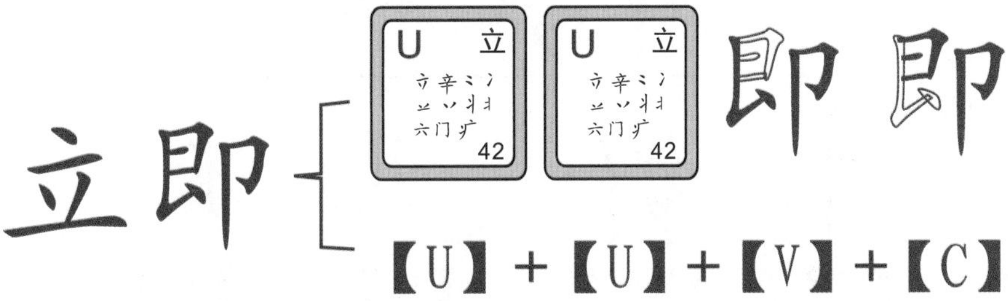

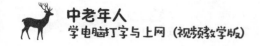

当二字词组中有字是一级简码时，该一级简码汉字应按照拆分原则进行拆分，再取其前两码，不能直接使用一级简码输入。如输入"我们"，该词组中的"我"为一级简码汉字，单独输入时只需输入【Q+空格】组合键即可。但作为词组输入时，应按拆分原则取其前两个字根"丿"和"扌"对应的按键；第二个汉字为"们"，其第1字根为"亻"，第2字根为"门"，因此，该词组的五笔编码如图5-20所示。

图5-20

5.4.2 输入三字词组

三字词组是指仅由3个汉字组成的词组，其在五笔输入法中使用得并不多，在输入时有以下编码规则。

[跟我学] 如何使用五笔输入法输入三字词组

一般情况下，三字词组的取码规则是：第一个字的第1字根+第二个字第1字根+第三个字的前两个字根，如输入"计算机"，其五笔编码如图5-21所示。

图5-21

当三字词组中有键名汉字或成字字根时，若键名汉字或成字字根在词组的前两个字中，只需取其所在键位作为编码，如果键名汉字或成字字根是词组的第三个字，则依其单字的编码规则取前两码。如输入"自来水"，汉字"水"是键名汉字，对应的按键为【I】键，该汉字位于词组的第三位，因此直接连续按两次【I】键，因此其五笔编码如图5-22所示。

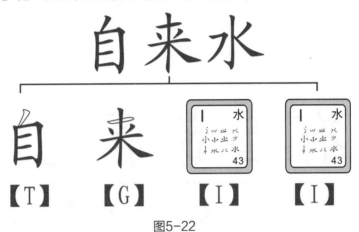

图5-22

5.4.3 输入四字词组

四字词组是指由4个汉字组成的词组，对于这类词组，在使用五笔输入法输入时有以下规则。

[跟我学] 如何使用五笔输入法输入四字词组

通常情况下，四字词组的取码规则是：按从左到右的顺序依次取每个汉字的第1字根，如输入"争先恐后"，其五笔编码如图5-23所示。

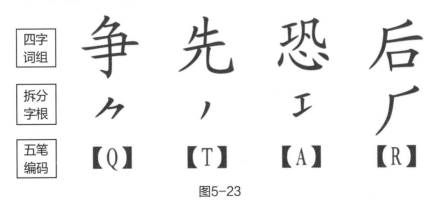

图5-23

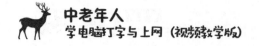
5.4.4 输入多字词组

多字词组是指汉字个数超过4个的词组，对于这类词组，其输入规则如下所示。

[跟我学] 如何使用五笔输入法输入多字词组

对于多字词组，无论组成词组的汉字个数多与少，其五笔输入规则都为：第一字的第1字根+第二字的第1字根+第三字的第1字根+最末字的第1字根，如输入"有志者事竟成"，其五笔编码如图5-24所示。

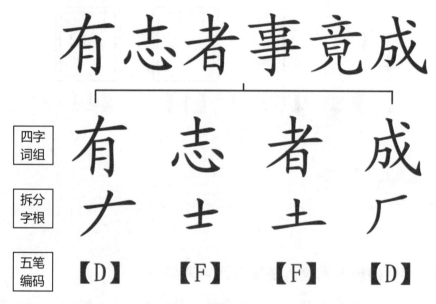

图5-24

06 第6章

中老年人开启网上生活第一步

学习目标

如今，电脑网络已经高度发展，对于有闲暇时间的中老年人来说，也可以利用电脑上网，在网上了解时事、下载资源，以丰富自己的业余生活。在使用电脑上网的过程中，需要借助"浏览器"这一工具，本章就一起来看看如何活用浏览器。

要点内容

- 了解IE浏览器的主界面
- 在浏览器中打开网页
- 将常用网页设置为主页
- 增大网页文字，方便阅读
- 清除上网的历史记录

- 将有用的网页添加收藏
- 从收藏夹快速打开网页
- 管理收藏夹中的内容
- 使用百度进行综合搜索
- 网页上下载资源

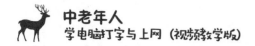

 小精灵，什么是浏览器啊？我的电脑中也有浏览器吗？

 爷爷，电脑在安装Windows系统后，一般就会自动安装IE浏览器，您看您电脑桌面上的这个"⬚"就是IE浏览器的图标。

浏览器是用户浏览网上信息的桥梁，通过它，中老年朋友可以获取自己想要的信息，学习新事物。

6.1.1 了解IE浏览器的主界面

IE浏览器的全称为Internet Explorer，是Windows系统默认的浏览器，也是大多数人常用的浏览器，如图6-1所示为IE11浏览器的主界面。

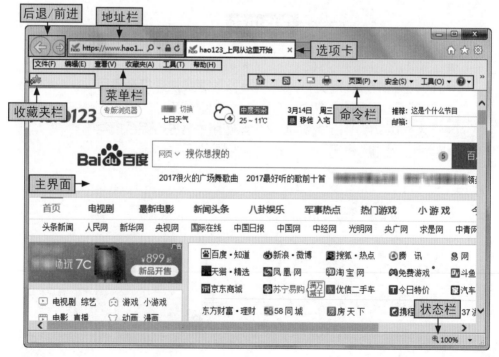

图6-1

[跟我学] 了解IE11浏览器组成部分的作用

IE浏览器各组成部分有其不同的作用，常用的有"前进"和"后退"按钮、地址栏、菜单栏和选项卡等。

● **"前进"和"后退"按钮** 在IE浏览器左上角有两个按钮，其中"⬅"为后退按钮，"➡"为前进按钮。单击"后退"按钮可以后退到前一个浏览的网页，单击"前进"按钮可以前进到下一个浏览的网页。

● **地址栏** 地址栏用于输入要访问的网页网址，如果用户近期输入过多个网址，那么可以单击右侧的下拉按钮查看并选择网址，如图6-2所示。

图6-2

● **菜单栏** 菜单栏包括多个菜单项，如文件、编辑、收藏夹等，单击不同的菜单项后，可以在打开的列表中选择不同的命令。

● **选项卡** 选项卡用于显示当前正在浏览的网页，在浏览器中，可以打开多个选项卡，单击选项卡中的"×"按钮即可关闭该选项卡，如图6-3所示。

图6-3

技巧强化 | 更改IE浏览器主界面的呈现方式

在使用IE浏览器的过程中，用户可根据个人习惯设置IE浏览器主界面的呈现方式。
❶右击IE浏览器标签栏空白处，在弹出的快捷菜单中选择对应的命令，可让IE浏览器各组成部分显示或不显示，❷如选择已勾选的"菜单栏"命令，可让菜单栏不在主界面显示，如图6-4所示。

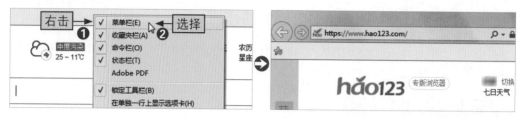

图6-4

6.1.2 在浏览器中打开网页

打开网页是使用浏览器时最常用，也是最基本的操作，在浏览器中打开网页的方法有多种，具体方法如下。

[跟我学] 不同方式打开网页

● **使用地址栏打开** 在IE浏览器地址栏输入要进入的网页网址，再按【Enter】键即可打开对应的网页，如图6-5所示。

图6-5

● **使用导航网站打开** 导航网站会提供很多网站的网页导航，并且会对网站进行归类，对于不清楚网站地址的中老年人来说，导航网站可以帮助其找到自己想要进入的网站。如在IE浏览器地址栏输入"https://www.hao123.com/"，按【Enter】键进入"hao123"导航网站，在打开的页面中可以看到很多网页导航，单击想要进入的网页的超链接，即可进入该网站，如图6-6所示。

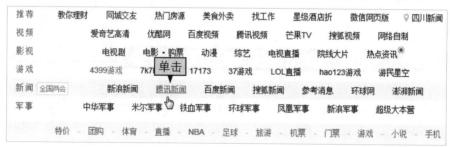

图6-6

●**新建标签打开** 在浏览网页时，如果要打开新网页，但不希望覆盖当前正在打开的网页，可以新建选项卡打开新网页。❶单击"新建选项卡"按钮，进入新建的选项卡后可以查看到近期常用的网页，❷单击其超链接可以快速进入对应的网页，另外也可以通过在地址栏输入新网址的方式进入网页，如图6-7所示。

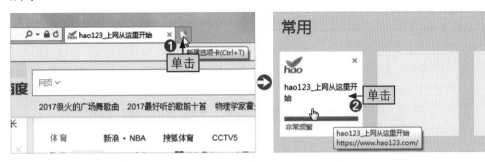

图6-7

6.1.3 将常用网页设置为主页

对于自己常用的网站，如果每次都通过输入网址的方式进入，会比较麻烦，这时可以将常用的网站设置成浏览器的主页，这样在下一次打开浏览器时，浏览器就会自动打开该网页。

[跟我做] 将360导航设置为浏览器主页

📍 步骤01

打开IE浏览器并进入360导航首页"https://hao.360.cn/"，❶单击菜单栏中的"工具"选项卡，❷在打开的下拉列表中选择"Internet选项"命令。

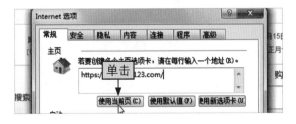

📍 步骤02

在打开的"Internet选项"对话框中单击"使用当前页"按钮。

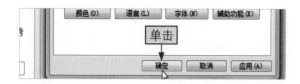

步骤03

最后单击"确定"按钮完成
主页的设置。

拓展学习 | 快速回到设置的主页

设置好浏览器的主页后，不管当前正在浏览什么网页，只要单击浏览器右上方的 ⌂ 按
钮，即可回到主页，如图6-8所示。

图6-8

6.1.4 增大网页文字，方便阅读

在网页上浏览信息时可以发现，网页上的文字有大有小，对于比较小的文
字，中老年人阅读起来可能比较吃力，这时可以增大文字显示的大小，下面介
绍几种调整网页文字大小的方法。

1.更改显示比例

通过更改显示比例的方法可以放大整个网页，具体更改方法如下所示。

[跟我做] 调整网页比例来放大网页

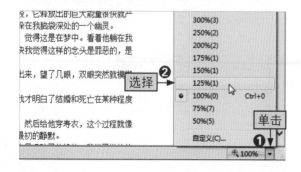

步骤01

❶在当前网页中单击状态栏
右侧的"更改缩放级别"下拉
按钮，❷在打开的下拉列表中
选择要放大的网页的倍数。

步骤02

完成设置后，可以看到当前网页中的文字已被放大了125%倍。

2.直接修改字体显示大小

前面的方法更改的是网页的大小，也就是说网页上所有内容都会被放大，包括图片、文字等。目前有许多网页提供了修改字体大小的功能，通过修改字体大小的方式也可以增大网页的文字，而这种方法不会改变网页中其他内容的比例。

[跟我做] 设置字体大小为"大"

步骤01

在可以调整字体大小的网页中，这里以新浪博客网页为例，单击"大"超链接。

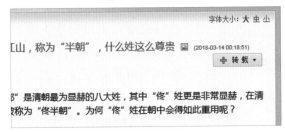

步骤02

此时可以看到网页中的文字内容已经变大了。

3.改变浏览器字体大小

对中老年人来说，还可以通过设置浏览器字体大小的方式来调整网页文字的大小，具体方法如下。

[跟我做] 设置浏览器字体大小为"最大"

步骤01

在IE浏览器的"工具"下拉列表中选择"Internet选项"命令。

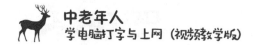

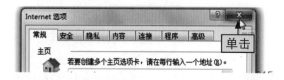

步骤02

在打开的"Internet选项"对话框中单击"辅助功能"按钮。

步骤03

❶在打开的"辅助功能"对话框中选中"忽略网页上指定的字号"复选框，❷单击"确定"按钮。

步骤04

在返回的"Internet选项"对话框中，单击"×"按钮。

步骤05

在"查看"下拉列表中选择"文字大小/最大"命令，此时可以看到网页上的文字变大了。

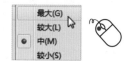

6.1.5 清除上网的历史记录

在使用电脑浏览网页后，会留下历史浏览痕迹，如果长时间不清理历史浏览痕迹，会拖慢电脑的运行速度，因此中老年朋友在使用电脑的过程中，要养成定期清理历史浏览痕迹的习惯。

[跟我做] 删除上周的浏览记录

步骤01

打开IE浏览器，在右上角单击"查看收藏夹、源和历史记录"按钮。

步骤02

在打开的标签栏中单击"历史记录"选项卡。

步骤03

❶右击"上周"选项，❷选择"删除"命令。

步骤04

在打开的"警告"对话框中单击"是"按钮。

拓展学习 | 其他删除历史记录的方法

❶在IE浏览器中选择"工具/删除浏览历史记录"命令，❷在打开的"删除浏览历史记录"对话框中选中要删除的历史记录的复选框，❸单击"删除"按钮，如图6-9所示。

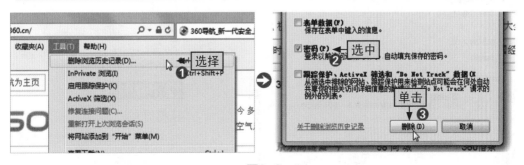

图6-9

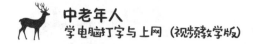

小精灵，上次你给我说了一个适合中老人的网站，我现在想要进去看看文章，但是忘记网址是多少了。

爷爷，您可以把您喜欢的网站的网址收藏起来，这样就不用担心会忘记网站地址了。

对于常用的网站，如果每次都通过输入网址的方式进入，会比较麻烦。这时可以使用浏览器提供的收藏夹功能将这些网站收藏起来。

6.2.1 将有用的网页添加收藏

在收藏网页时，可以选择将网页收藏到收藏夹或收藏夹栏中，下面分别来看看这两种收藏方式的操作流程。

1.收藏网址到收藏夹中

将常用的网站添加到收藏夹后，可以方便日后使用，下面以收藏乐龄网为例，来看看收藏网址到收藏夹的具体操作。

[跟我做] 将乐龄网收藏到收藏夹中

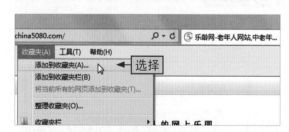

步骤01

在IE浏览器中进入乐龄网（http://www.china5080.com/）首页，选择"收藏夹/添加到收藏夹"命令。

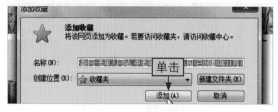

步骤02

在打开的"添加收藏"对话框中单击"添加"按钮将网站收藏到收藏夹中。

2.收藏网址到收藏夹栏中

将常用的网站添加到收藏夹栏后，收藏的网址会更容易找到，下面以中华养生网为例，来看看如何将网址收藏到收藏夹栏中。

[跟我做] 将中华养生网收藏到收藏夹栏中

步骤01

在IE浏览器中进入乐龄网首页（http://www.cnys.com/），选择"收藏夹/添加到收藏夹栏"命令。

步骤02

完成后，可在收藏夹栏中查看到收藏的网址信息。

技巧强化 | 添加网页收藏的其他方法

❶在IE浏览器中单击右上角"查看收藏夹、源和历史记录"按钮，❷在打开的标签栏中单击"添加到收藏夹"按钮，最后在打开的"添加收藏"对话框中单击"添加"按钮，也可以将网址收藏到收藏夹中，如图6-10所示。

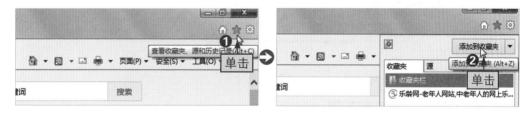

图6-10

6.2.2 从收藏夹快速打开网页

对于已收藏到收藏夹或收藏夹栏中的网址，可以在收藏夹中心或收藏夹栏中快速打开，具体操作方法有以下几种。

[跟我学] 打开已添加收藏的网页

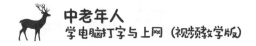

● **通过菜单栏打开** 在IE浏览器的"收藏夹"下拉列表中可以找到已收藏在收藏夹中的网页，单击网址便可快速访问，如图6-11所示。

图6-11

● **通过收藏中心打开** ❶单击IE浏览器右上角的★按钮，❷在打开的"收藏夹"列表中单击要打开的网址的超链接，即可快速访问网页，如图6-12所示。

图6-12

● **通过收藏夹栏打开** 对于已收藏到收藏夹栏中的网页，可以直接在收藏夹栏中单击其超链接打开，如图6-13所示。

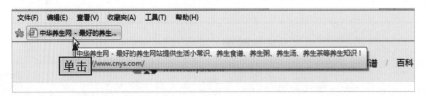

图6-13

● **通过收藏夹栏列表打开** ❶在"收藏夹"列表中选择"收藏夹栏"命令，❷在其子菜单中单击要打开的网页的超链接，也可快速打开网页，如图6-14所示。

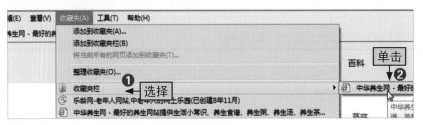

图6-14

6.2.3 管理收藏夹中的内容

当收藏的网页比较多了以后，就可以对收藏的网页进行归类管理，方便更快速地找到，而管理收藏夹也有多种方法。

1.新建文件夹进行管理

下面以新建"新闻"文件夹为例，来看看如何将新闻类网页放到"新闻"文件夹中进行管理。

[跟我做] 将新闻类网页放在"新闻"文件夹中

步骤01

在IE浏览器的"收藏夹"下拉列表中选择"整理收藏夹"命令。

步骤02

在打开的"整理收藏夹"对话框中单击"新建文件夹"按钮。

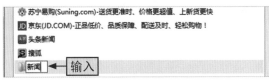

步骤03

输入"新闻"，按【Enter】键对文件夹重命名。

步骤04

❶选择要管理的网页，这里选择"头条新闻"，❷将其拖动到"新闻"文件夹中。

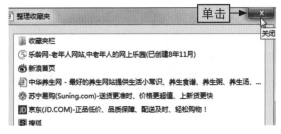

步骤05

最后单击"×"按钮关闭对话框。

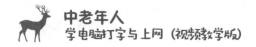

2.在收藏网页时管理网页

在收藏网页时，可以将网页直接收藏到已建立的文件夹中进行管理，下面以将美食类网站添加到"美食"文件夹中为例，讲解具体操作步骤。

[跟我做] 将美食类网页放在"美食"文件夹中

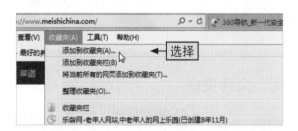

步骤01

使用IE浏览器进入美食天下首页（http://www.meishichina.com/），选择"收藏夹/添加到收藏夹"命令。

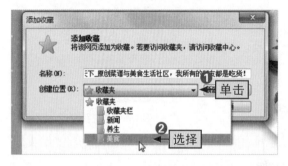

步骤02

❶在打开的"添加收藏"对话框中单击"创建位置"下拉按钮，❷在打开的下拉列表中选择"美食"选项。

步骤03

最后单击"添加"按钮将网页添加到文件夹中。

6.3

浏览网页，下载有用资源

小精灵，我想在网上找一张好看的风景图片来作为桌面背景，但我要去哪里找呢？

爷爷，您可以通过网上搜索的方式来找到自己需要的各种类型的资源，我现在给您演示一下。

网络上的资源很丰富，不管是图片、小说、新闻还是音乐等，都可以在网上找到，但要想快速找到自己想要的资源，还要让搜索引擎来帮忙。

6.3.1 使用百度进行综合搜索

网上的信息有很多，搜索引擎能帮助用户找到自己需要的资讯。当前，大多数人使用的都是百度搜索引擎，下面就以百度搜索引擎为例，来看看使用百度搜索引擎搜索不同资源的操作。

1.搜索网页资源

使用百度搜索引擎较常搜索的资源类型是网页，下面以搜索关键词"中老年广场舞"为例。

[跟我做] 搜索网页资源

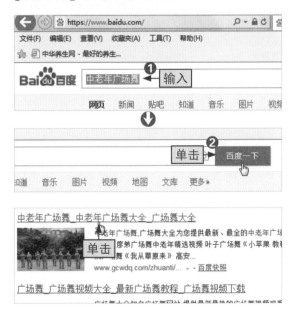

步骤01

进入百度搜索引擎首页（https://www.baidu.com/），❶在搜索文本框中输入要搜索的资源的关键词，❷单击"百度一下"按钮或按【Enter】键发起检索。

步骤02

在搜索文本框下方可以查看到检索结果，单击其网页超链接可进入相应的网页。

2.搜索新闻资讯

使用百度搜索引擎除了可以搜索网页资源外，还可以搜索新闻资讯，下面以搜索"延迟退休"新闻资讯为例。

[跟我做] 搜索关于"延迟退休"的新闻资讯

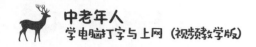

步骤01 **步骤01**

❶百度搜索引擎搜索文本框中输入"延迟退休"，❷单击"新闻"超链接。

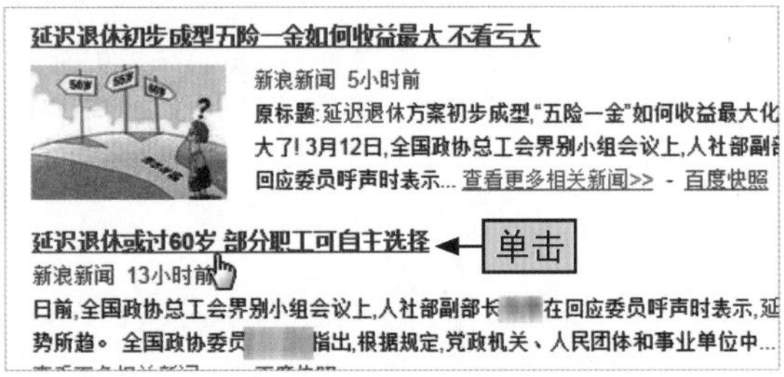

步骤02

在打开的页面中可以查看到关于延迟退休的新闻资讯，单击要查看的新闻的超链接。

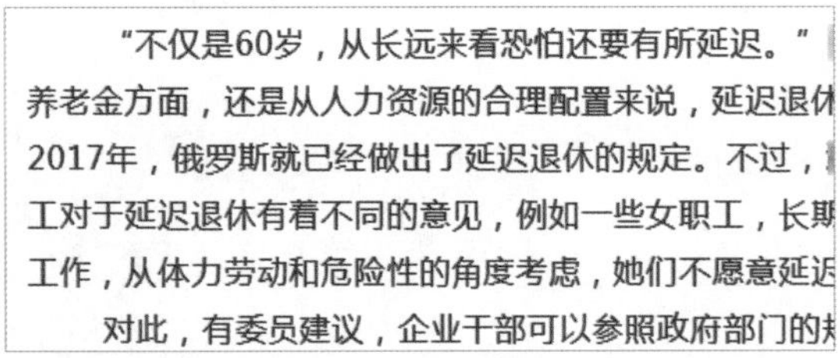

"不仅是60岁，从长远来看恐怕还要有所延迟。"养老金方面，还是从人力资源的合理配置来说，延迟退休2017年，俄罗斯就已经做出了延迟退休的规定。不过，工对于延迟退休有着不同的意见，例如一些女职工，长期工作，从体力劳动和危险性的角度考虑，她们不愿意延迟对此，有委员建议，企业干部可以参照政府部门的规

步骤03

在打开的页面中即可查看到对应的新闻内容。

 拓展学习 | 其他搜索分类

百度搜索引擎还为用户提供了其他搜索分类，如图片、音乐、知道和文库等，中老年人可以根据需要选择想要搜索的资源类型。

6.3.2 网页上下载资源

互联网不仅可以帮助中老年人获取所需的资讯，还能帮助中老年人下载所需的资源，下面来看看如果通过网页下载软件和图片。

1.网页下载所需软件

个人电脑中不可能包含所有需要的软件，有的软件需要自行下载并安装后才能使用，下面以下载"QQ"为例。

[跟我做] 下载腾讯QQ软件

步骤01

进入百度搜索引擎首页，
❶在搜索文本框中输入"腾讯QQ"，按【Enter】键发起检索，❷在搜索结果中单击"立即下载"按钮。

步骤02

❶在页面下方的对话框中单击"保存"下拉按钮，❷选择"另存为"命令。

步骤03

❶在打开的"另存为"对话框中选择软件保存位置，❷单击"保存"按钮。

2.通过软件中心下载

除了以上方法可以下载软件外，还可以通过软件下载平台下载，下面以腾讯软件中心下载搜狗输入法为例。

[跟我做] 通过腾讯软件中心下载软件

步骤01

进入腾讯软件中心（http://pc.qq.com），在搜索文本框中输入"搜狗输入法"，按【Enter】键。

步骤02

❶在打开的新页面中找到"搜狗拼音输入法"选项，单击其右侧的"高速下载"下拉按钮，❷在打开的列表中选择"普通下载"选项。

技巧强化｜通过官网下载软件

有时通过百度搜索引擎搜索的方式并不能找到所需软件的下载按钮，这时就可以通过该软件的官方网站进行下载。以下载QQ音乐为例，❶进入QQ音乐官方网站（https://y.qq.com/），单击"客户端"超链接，❷在打开的页面中单击"立即下载"按钮下载软件，如图6-15所示。

图6-15

3.在网页上下载图片

在网页上下载图片比较简单，不管是通过百度图片搜索的方式搜索得到的图片，还是在浏览网页的时候发现的图片，都可以用另存为的方式下载，下面以百度图片搜索方式下载图片为例。

[跟我做] 将图片另存在电脑中

步骤01

在百度图片搜索结果页选择要下载的图片，单击其超链接。

步骤02

❶在打开的页面右击要下载的图片，❷在弹出的快捷菜单中选择"图片另存为"命令。

步骤03

在打开的"保存图片"对话框中选择图片保存位置，单击"保存"按钮。

4.如何下载高清图片

有时通过百度搜索检索出来的图片并不全是高清图片，有的图片还有水印，这类图片下载到电脑中通常也无法直接使用，那么如果要下载高清图片应该怎么做呢？中老年人可以通过专业的图片网站下载高清图片，下面以天堂图片网为例。

[跟我做] 在天堂图片网下载高清图片

步骤01

进入天堂图片网首页（http://www.ivsky.com/），选择要下载的图片类型，这里单击"自然风光"超链接。

步骤02

在打开的页面中可以查看到丰富的图片，单击要下载的图片分类的超链接。

步骤03

在打开的页面中选择要下载的图片，单击其超链接。

步骤04

进入图片预览页面，单击"查看并下载原图"超链接。

步骤05

在打开的页面中可以查看到高清大图，右击后在弹出的快捷菜单中选择"图片另存为"命令。

步骤06

在打开的"保存图片"对话框中单击"保存"按钮保存图片。

第7章

与老朋友网上即时通信与交流

学习目标

现代人们之间的通信变得越来越方便了，中老年人也可以利用QQ、微信等即时聊天工具与自己的子女和朋友进行在线交流、视频聊天等。本章就来看看如何利用这些聊天工具开启网络聊天之路。

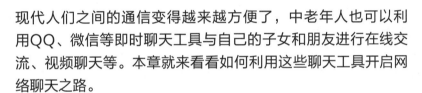

要点内容

- ■ 申请一个QQ号码，开启网络聊天之路
- ■ 添加QQ好友，朋友亲人一个不落
- ■ 马上开始文字聊天，实时收到
- ■ 视频聊天、语音聊天，拉近彼此距离
- ■ 聊天途中随时发送图片

- ■ 开始微信聊天，改变通讯方式
- ■ 查看朋友圈，了解亲朋动态
- ■ 关注养生公众号，资讯一手抓
- ■ 建立亲人群，热闹不孤独
- ■ 登录邮箱，查阅电子邮件

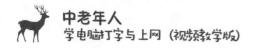
7.1 借助QQ，每一天乐在沟通

小精灵，现在人人都有QQ，可我太落伍了，所以也想把它用起来，你给我讲讲如何使用吧。

爷爷，QQ是腾讯推出的即时通讯工具，支持在线聊天、视频电话等，您可以用它与自己的朋友在线实时沟通。

    QQ是很多人都在使用的聊天工具，中老年人要想利用QQ与他人交流，就需要对QQ有一定的了解。

7.1.1 申请一个QQ号码，开启网络聊天之路

    要让QQ为自己开启聊天之路，首先需要申请一个属于自己的QQ号码，QQ号码的注册并不难，具体方法如下。

[跟我做] 在线注册QQ号码

步骤01

双击QQ快捷图标，打开QQ软件，在登录主界面单击"注册账号"超链接。

步骤02

❶在打开的页面中输入昵称、密码和手机号码，❷单击"发送短信验证码"按钮。

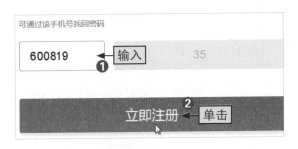

步骤03

❶在短信验证码文本框中输入手机上收到的验证码，❷单击"立即注册"按钮。

步骤04

在打开的页面中即可查看到注册成功的QQ号。

7.1.2 添加QQ好友，朋友亲人一个不落

新注册的QQ号码若3天内未登录会被收回，因此在QQ号码申请成功后要及时登录。对于新注册的QQ号码来说，还没有任何好友，下面来看看如何添加自己的亲朋好友为QQ好友。

[跟我做] 主动添加朋友为QQ好友

步骤01

双击QQ快捷图标，打开QQ软件，❶在登录主界面输入新注册的QQ号码和密码，❷单击"登录"按钮。

步骤02

登录成功后在QQ主面板下方单击"＋"按钮。

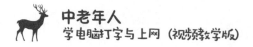
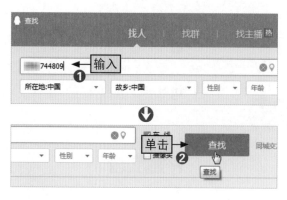

步骤03

❶在打开的"查找"对话框中输入对方QQ号码或昵称，这里输入QQ号码，❷单击"查找"按钮。

步骤04

在查找结果中单击"+好友"按钮。

步骤05

❶在打开的对话框中输入验证问题（添加好友时的验证方式会根据对方设置的验证方式的不同而不同），❷单击"下一步"按钮。

步骤06

❶在打开的对话框中输入备注姓名，❷在"分组"下拉列表中选择分组，如选择"家人"选项，❸单击"下一步"按钮。

步骤07

在打开的对话框中单击"完成"按钮。

完成以上步骤后还需等待对方确认添加，对方确认后，程序会发送QQ消息，提示"已经是好友"，在QQ主面板的对应分组中可以查看到对方，如图7-1所示。

图7-1

技巧强化| 如何同意他人的添加好友请求

除了主动添加他人为好友外，还可以将自己的QQ号码告诉亲朋好友，让对方加自己为好友。当有人添加自己为好友时，在Windows状态栏中会有 🔊 图标闪烁，❶单击该图标，❷在打开的"验证消息"对话框中单击"同意"按钮。❸在打开的"添加"对话框中输入备注姓名，❹选择分组，❺单击"确定"按钮，❻单击"×"按钮关闭对话框，如图7-2所示。

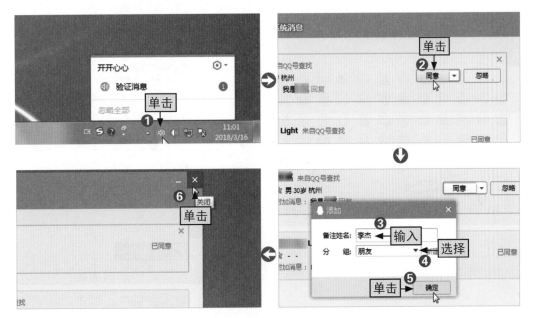

图7-2

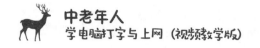

7.1.3 马上开始文字聊天，实时收到

添加自己的亲朋好友为QQ好友后，就可以与其进行QQ聊天了，下面来看看使用QQ聊天的具体操作。

[跟我做] 与家人使用QQ进行聊天

🔷 步骤01

打开QQ主面板，❶单击好友分组的下拉按钮，❷在打开的列表中双击好友选项。

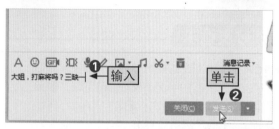

🔷 步骤02

❶在打开的聊天窗口中输入文字内容，❷单击"发送"按钮或按【Ctrl+Shift】组合键发送消息。

🔷 步骤03

待对方回复消息后，可以在聊天界面查看到消息内容。

🔷 步骤04

在聊天界面，除了可以发送文字消息外，还可以发送表情。❶单击"表情"按钮，❷在打开的列表中选择需要发送的表情选项。

🔷 步骤05

此时可以看到表情已出现在输入窗口中，单击"发送"按钮发送表情。

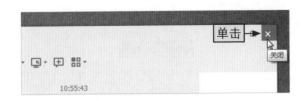

步骤06

聊天结束后，单击"×"按钮关闭聊天界面。

技巧强化 | 聊天过程中不想打字怎么办

在使用QQ聊天的过程中，如果不想打字，那么可以选择手写输入。❶在聊天窗口单击"多功能辅助输入"按钮，❷在打开的列表中选择"手写输入"命令。❸在打开的"QQ云手写面板"中书写文字，❹在右侧单击要输入的文字内容。选择文字后会在输入窗口显示，❺书写完成后单击"×"按钮关闭QQ云手写面板，❻单击"发送"按钮发送消息，如图7-3所示。

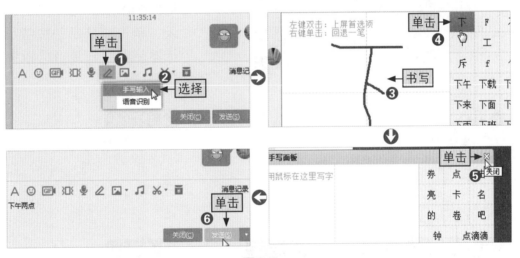

图7-3

7.1.4 视频聊天、语音聊天，拉近彼此距离

在QQ中，不仅可以和亲友进行文字交流，还可以和亲友进行视频和语音聊天，这样视听式的聊天方式可以免去打字的麻烦，对中老年人来说，沟通起来也更方便。

[跟我做] 与家人进行视频和语音聊天

步骤01

打开QQ聊天窗口，单击"发起语音通话"按钮。

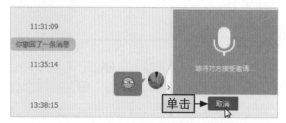

步骤02

发起语音聊天后需等待对方接受邀请，若对方久未接听，可以单击"取消"按钮，取消发起的语音通话。

步骤03

对方接听后即可进行语音聊天，单击"挂断"按钮可挂断当前正在进行的语音聊天。

步骤04

如果想要进行视频聊天，可以单击"发起视频通话"按钮向对方发起视频通话。

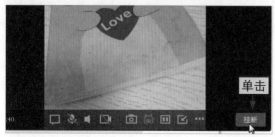

步骤05

发起视频通话后，仍然需要等待对方接听。待对方接听后会打开视频通话窗口，单击"挂断"按钮可挂断当前正在进行的视频通话。

步骤06

聊天结束后，单击"×"按钮关闭聊天窗口。

拓展学习 | 语音、视频聊天前的准备

对使用台式电脑进行QQ语音和视频通话的用户来说，在进行通话前，需要先将电脑连接麦克风和摄像头，这样才能正常进行语音和视频聊天。

7.1.5 聊天途中随时发送图片

在使用QQ聊天的过程中，若要向亲友发送图片也是很方便的，具体操作如下所示。

[跟我做] 向亲友发送风景图片

步骤01

在QQ聊天窗口单击"图片"按钮。

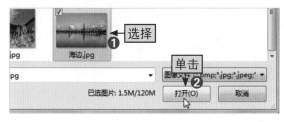

步骤02

❶在打开的"打开"对话框中选择要发送的图片，❷单击"打开"按钮。

步骤03

返回聊天窗口，单击"发送"按钮发送图片。

技巧强化 | 使用QQ发送文件

❶在QQ聊天窗口单击"传送文件"下拉按钮，❷在打开的下拉列表中选择"发送文件/文件夹"命令。❸在打开的"选择文件/文件夹"对话框中选择要发送的文件，❹单击"发送"按钮。❺发送文件后，若对方长时间没有接收，可以单击"转离线发送"超链接发送文件，如图7-4所示。

图7-4

7.1.6 手机APP同步下载

QQ除了有电脑版外，还有手机版，中老年人也可以下载手机QQ在手机上与亲朋好友交流。

[跟我做] 在手机上安装手机QQ并登录

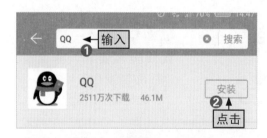

📷 **步骤01**

打开手机应用中心，❶在搜索文本框中输入"QQ"，❷在搜索结果中点击"安装"按钮。

📷 **步骤02**

系统将自动进行软件的安装，安装完成后点击QQ快捷图标。

步骤03

在打开的页面中点击"登录"按钮。

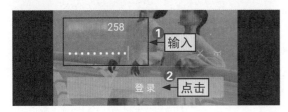

步骤04

进入登录页面，❶输入账号和密码，❷点击"登录"按钮登录QQ。

7.1.7 电脑手机文件互传，快捷方便

过去，要使用手机和电脑互传文件，常常需要借助数据线或读卡器等工具。现在，在手机中安装QQ后，也可以实现电脑和手机文件的互传，下面来看看如何将手机中的文件传送到电脑中。

[跟我做] 将手机中的文件传送到电脑中

步骤01

同步在电脑和手机中登录QQ账号，在手机QQ主界面点击"联系人"按钮。

步骤02

在打开的页面中点击"设备"选项卡。

步骤03

在打开的下拉列表中选择"我的电脑"选项。

步骤04

进入"我的电脑"页面，点击▢按钮。

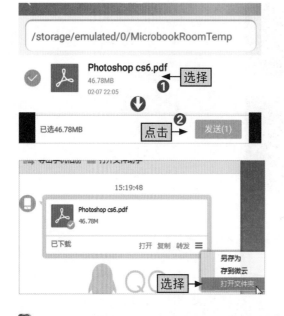

❶在手机中选择要传送的文件，❷点击"发送"按钮。

传送成功后，电脑中会自动打开传送窗口，在"≡"下拉列表中选择"打开文件夹"选项，可打开文件所在文件夹。

技巧强化 将电脑中的文件传送到手机中

❶在电脑的QQ主界面中双击"我的Android手机"选项（若使用苹果手机，选项会不同），❷在打开的窗口中单击"选择文件发送"按钮，❸在打开的"打开"对话框中选择文件，❹单击"打开"按钮，在手机QQ中即可查看到电脑发送的文件，如图7-5所示。

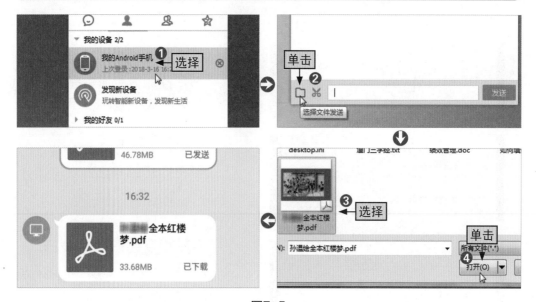

图7-5

7.2

使用微信，加入主流通信

 现在我身边的好多朋友都在用微信，他们都让我也用微信，这样联系起来方便些，但是我从没有用过这个软件，不清楚该如何使用。

 爷爷，微信的使用并不难。但在使用微信前您首先得注册一个属于自己的微信号，下面我来给您说说微信的具体用法吧。

微信是一款跨平台的通信工具，其功能丰富，支持发送语音短信、视频、图片和文字。

7.2.1 注册登录微信账号

与QQ一样，在使用微信前，首先需要注册一个属于自己的微信账号，具体注册流程如下所示。

[跟我做] 注册专属自己的微信账号并登录

步骤01

打开手机微信，在登录界面点击"注册"按钮。

步骤02

❶在打开的页面中填写昵称、手机号、密码，❷点击"注册"按钮。

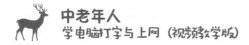
使用附近的人和摇一摇功能时我们会收集
你的位置信息。除非按照相关法律法规要
求必须收集，拒绝提供这些信息仅会使你
无法使用相关特定功能，但不影响你正常

不同意　　　　　　点击 → 同意

步骤03

在打开的页面阅读协议内容，点击"同意"按钮。

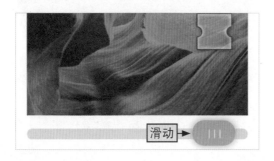

安全验证

为了你的帐号安全，本次注册需要进行安全验证码校验

点击 → 开始

步骤04

进入"安全校验"页面，点击"开始"按钮。

步骤05

进入"微信安全"页面，拖动滑块完成拼图。

滑动 →

发送 ZC

到 10690700

②发送短信后请回到本界面继续下一步

发送短信

点击

已发送短信，下一步

步骤06

在打开的页面中按照页面提示发送短信到指定号码，发送完成后点击"已发送短信，下一步"按钮。

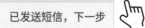

已发送短信，下一步

微信(2)　　　　　Q　　＋

微信团队　　　　　　　20:19
微信团队欢迎你。很高兴你开启了微信…

腾讯新闻　　　　　　　07:02

步骤07

完成以上步骤后，会自动登录新注册的微信账号，进入微信消息页面。

7.2.2 添加通讯录好友

拥有了属于自己的微信账号后，就可以打开微信，添加通讯录好友了，具体操作步骤如下所示。

[跟我做] 将通讯录好友添加为微信好友

步骤01

打开手机微信，❶在页面右上角点击"+"按钮，❷在打开的下拉列表中选择"添加朋友"选项。

步骤02

在打开的页面中选择"手机联系人"选项。

步骤03

进入"绑定手机号"页面，点击"上传通讯录"按钮。

步骤04

在打开的提示对话框中点击"是"按钮。

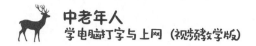

步骤05

通讯录上传成功后点击"查看手机通讯录"按钮。

步骤06

在打开的"使用通讯录"对话框中点击"始终允许"按钮。

步骤07

在打开的页面中选择要添加的通讯录好友，点击"添加"按钮。

发出添加好友的请求后，还需要等待对方验证，对方验证通过后，可以在"通讯录"栏中查看到该好友。

7.2.3 开始微信聊天，改变通信方式

成功添加好友后就可以使用微信给好友发送微信消息了，具体的操作步骤如下所示。

[跟我做] 给微信好友发送即时消息

步骤01

打开手机微信，点击"通讯录"按钮。

步骤02

在打开的页面中选择要聊天的微信好友。

步骤03

在打开的"详细资料"页面点击"发消息"按钮。

步骤04

进入聊天页面，❶点击输入框，❷输入要发送的信息内容，❸点击"发送"按钮。

技巧强化 | 给微信好友发送语音消息

对于不喜欢打字的中老年人来说，可以选择给微信好友发送语音消息。❶在聊天页面点击"🔊"按钮，❷长按"按住 说话"按钮，说出要发送的语音内容，❸完成后松开手指即可发送语音消息，如图7-6所示。

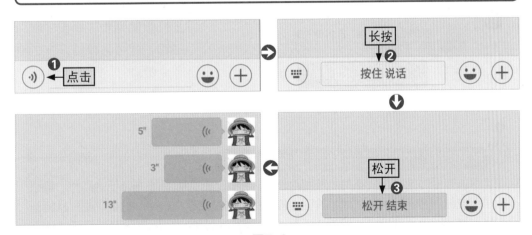

图7-6

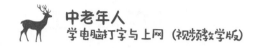
7.2.4 查看朋友圈，了解亲朋动态

　　微信朋友圈是微信上的一个社交功能，微信用户可通过朋友圈分享文字、图片和音乐等，下面来看看如何通过朋友圈查看微信好友动态。

[跟我做] 在微信朋友圈查看好友动态并点赞

步骤01

打开手机微信，点击"发现"按钮。

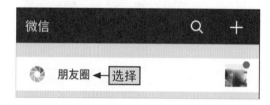

步骤02

在打开的页面中选择"朋友圈"选项。

步骤03

打开"朋友圈"页面后可以查看到微信好友发送的动态，点击"📷"按钮。

步骤04

在打开的列表中点击"赞"按钮，即可为微信好友的动态点赞。

🎯 技巧强化 | 如何发布微信朋友圈动态

除了可以查看微信好友发布的朋友圈动态外，还可以在朋友圈发布自己的动态。❶进入"朋友圈"页面后点击"📷"按钮，❷在打开的对话框中选择"拍摄"或"从相册选择"选项，这里选择"从相册选择"选项，❸在打开的"图片和视频"页面中选择图片或视频，这里选择图片，❹选择后点击"完成"按钮。❺在打开的页面中输入文字内容，❻点击"发送"按钮，如图7-7所示。

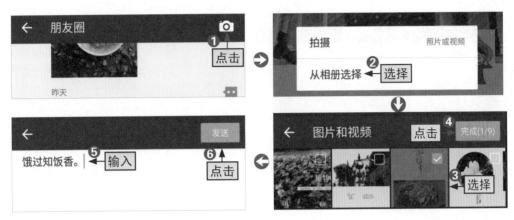

图7-7

7.2.5 关注养生公众号，资讯一手抓

　　微信公众号是开发者或商家在微信公众平台上申请的应用账号，对于微信个人用户来说，可以通过关注微信公众号了解自己想要了解的资讯，下面以关注"生命时报"公众号为例，来看看如何查看养生类资讯。

[跟我做] 关注"生命时报"公众号

步骤01

打开手机微信，点击"通讯录"按钮。

步骤02

在打开的页面中选择"公众号"选项。

步骤03

进入"公众号"页面点击"+"按钮。

步骤04

❶在打开的页面中输入"生命时报"，❷点击"搜索"按钮。

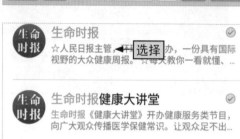

步骤05

在搜索结果中选择要关注的公众号，这里选择"生命时报"选项。

步骤06

进入"详细资料"页面，点击"关注"按钮。

步骤07

进入"生命时报"公众号，点击"好文荐读"按钮。

步骤08

在打开的页面中选择要阅读的资讯，在新打开的页面中即可查看到详细内容。

7.2.6 建立亲人群，热闹不孤独

微信群是可以用于多人聊天交流的工具，在群内除了可以聊天外，还可以分享视频和图片等。

[跟我做] 创建"一家亲"微信群

步骤01

在手机微信"通讯录"页面选择"群聊"选项。

步骤02

在打开的页面中点击"+"按钮。

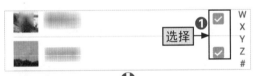

步骤03

进入"发起群聊"页面，❶选中要邀请进入群聊的好友右侧的复选框，❷点击"确定"按钮。

步骤04

成功创建群聊后，可更改群聊名称，点击""按钮。

步骤05

在打开的页面中选择"群聊名称"选项。

步骤06

进入"群名片"页面，❶输入群聊名称，这里输入"一家亲"，❷点击"保存"按钮。

爷爷，我把上次拍的照片以电子邮件的方式发送到您的QQ邮箱了，您收到了吗？

咦，QQ邮箱吗？我还没有注意这个功能，那么我要到哪里查阅你发给我的邮件呢？

对于已拥有QQ号的用户来说，可以使用自己的QQ号开通QQ邮箱，这样就可以通过电子邮件将文字、图象、声音等发送给自己的亲朋好友了。

7.3.1 登录邮箱，查阅电子邮件

对于还未开通QQ邮箱的用户来说，要查阅电子邮件，首先需要开通QQ邮箱，下面来看看具体的操作步骤。

[跟我做] 开通QQ邮箱并查阅他人发送的电子邮件

步骤01

在QQ主面板单击"QQ邮箱"按钮，进入QQ邮箱。

步骤02

在打开的页面中单击"立即开通"按钮。

步骤03

进入"通知好友"页面，点击"通知好友"按钮。

步骤04

在打开的页面中单击"进入我的邮箱"按钮。

步骤05

进入QQ邮箱后单击"收信"超链接。

步骤06

进入收件箱页面，选择要查阅的邮件，单击其超链接，在打开的页面中即可查看到邮件的内容。

拓展学习 | 如何删除已查阅的邮件

对于已查阅的邮件，可以选择将其删除。❶在收件箱页面选中要删除的邮件的复选框，❷单击"删除"按钮即可，如图7-8所示。

图7-8

7.3.2 给子女发封邮件

QQ邮箱不仅可以接收邮件，还可以发送邮件，下面就来看看如何给子女发送电子邮件。

[跟我做] 发送纯文本电子邮件给子女

步骤01

进入QQ邮箱，在邮箱首页单击"写信"超链接。

步骤02

❶在打开的页面中输入收件人电子邮件地址、邮件主题和正文内容，❷单击"发送"按钮。

7.3.3 回复和转发邮件

接收到他人发送的电子邮件后，对于需要回复的邮件，需要在QQ邮箱中进行回复，另外也可以将自己收到的邮件转发给他人。

1.回复邮件

及时回复邮件能让对方清楚自己是否阅读了邮件内容，下面就来看看如何回复QQ好友发来的邮件。

[跟我做] 回复QQ好友发来的旅游照片邮件

步骤01

在QQ邮件阅读页面，单击"回复"按钮。

❶在打开的页面中的"正文"文本框中输入要回复的邮件内容，❷单击"发送"按钮。

2.转发邮件

对于他人发来的邮件，可以将其转发给多个QQ好友，下面来看看具体的操作步骤。

[跟我做] 将电子邮件转发给多个QQ好友

步骤01

在QQ邮件阅读页面，单击"转发"按钮。

步骤02

在打开的页面右侧选择要转发的好友，要转发多个好友，则再选择其他好友。

步骤03

收件人选择完成后，❶输入正文内容（也可选择不输入），❷单击"发送"按钮发送邮件。

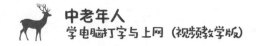

7.3.4 使用邮箱发送照片

使用QQ邮箱不仅能发送纯文本的内容，还能发送图片，下面来看看如何使用QQ邮箱发送风景照片。

[跟我做] 用QQ邮箱将旅游风景照片发送给好友

步骤01

打开QQ邮箱，单击"写信"超链接。

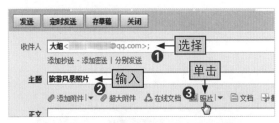

步骤02

❶在打开的页面中选择收件人，❷输入主题，❸单击"照片"超链接。

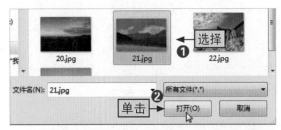

步骤03

❶在打开的"选择要加载的文件"对话框中选择照片，❷单击"打开"按钮。

步骤04

图片上传成功后，单击"发送"按钮发送图片。

第8章

网络新生活，让晚年日子更精彩

学习目标

网上生活是丰富多彩的，对于中老年人来说，可以利用互联网看视频、听音乐、玩游戏等，这些娱乐活动都可以让中老年的晚年生活更加精彩。除此之外，还可以使用互联网轻松解决生活中的各种难题，让生活更便利。

要点内容

- 腾讯视频，海量高清视频
- QQ音乐，海量音乐天天听
- 手机听电台，尽在荔枝FM
- 一个人也能在线斗地主
- 在线打麻将，不愁三缺一

- 网页玩小游戏，打发闲暇时间
- 百度地图，导航路线查询公交
- 找家政，不用再去家政公司
- 通过挂号平台官网预约挂号

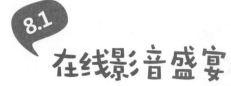
在线影音盛宴

 最近我发现了一部好看的电视剧，但是在电视上看得断断续续的，看回放也只能回放一个星期的，我现在好想知道前面的剧情是怎么样的。

 爷爷，电视上看不了，您可以在电脑上看啊。您可以通过视频网站搜索自己想要看的电视剧，然后在线观看，很方便的。

在闲暇时分，许多中老年人都喜欢看视频、听音乐或广播等，下面就来看看如何在网上享受影音盛宴。

8.1.1 腾讯视频，海量高清视频

腾讯视频是在线视频媒体平台，拥有海量高清视频，中老年人可以通过腾讯视频轻松找到自己想要观看的视频。

[跟我做] 使用腾讯视频搜索电视剧并在线观看

步骤01

进入腾讯视频首页（https://v.qq.com/），❶在搜索文本框中输入自己想要观看的视频名称，❷单击"搜索"按钮。

步骤02

在打开的搜索结果中选择想看的剧集，单击剧集编号超链接。

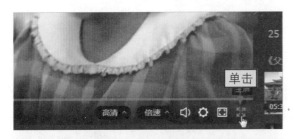

步骤03

在打开的页面中即可观看视频，单击"全屏"按钮，可全屏观看视频。

步骤04

❶单击""按钮，❷上下拖动滑块可调节视频音量的大小。

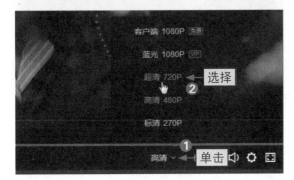

步骤05

❶若视频清晰度不够高，可单击"清晰度"下拉按钮，❷在打开的列表中选择清晰度。

技巧强化! 如何筛选想看的视频

如果不清楚想要看什么视频，那么可以通过筛选的方式进行选择。❶在腾讯视频首页单击"片库"超链接，❷在打开的页面中可选择视频类型，并可通过类型、地区等条件筛选视频，如图8-1所示。

图8-1

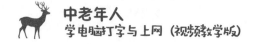

除了腾讯视频网站外，中老年人还可以选择其他视频网站观看视频，常见的视频网站有如表8-1所示的一些。

表8-1

网站名	网站地址
爱奇艺	http://www.iqiyi.com/
优酷视频网	http://www.youku.com/
搜狐视频	http://tv.sohu.com/
土豆网	http://www.tudou.com/

8.1.2 QQ音乐，海量音乐天天听

QQ音乐是网络音乐服务平台，喜欢听音乐的中老年人可以通过QQ音乐在线试听或下载热歌、新歌或自己喜欢的歌曲。

[跟我做] 在QQ音乐在线试听和下载歌曲

步骤01

下载并安装QQ音乐播放器后，打开QQ音乐，❶在搜索文本框中输入要试听的歌曲，❷单击"搜索"按钮。

步骤02

在搜索结果中选择要试听的歌曲，单击"播放"按钮播放。

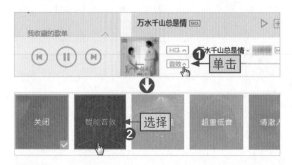

步骤03

在试听过程中，❶单击"音效"下拉按钮，❷在打开的页面中可选择音效。

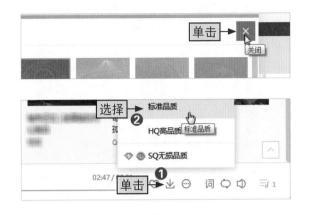

步骤04

选择音效后单击"×"按钮关闭音效面板。

步骤05

若要下载试听的歌曲，❶则单击"下载"按钮，❷在打开的下拉列表中选择音乐品质。

拓展学习 | 搜索歌曲的不同方式

在使用QQ音乐播放器搜索歌曲时，既可以在搜素文本框中输入歌曲名，还可以通过输入歌手名来搜索。另外，也可以在首页单击"分类歌单"超链接，通过分类歌单来找到自己喜欢的歌曲。

8.1.3 手机听电台，尽在荔枝

荔枝是一款声音互动平台APP，包括了音乐、睡前故事、儿童故事、有声小说、相声段子和历史人文等网络电台，下面来看看如果使用荔枝听有声书。

[跟我做] 在荔枝听历史人文故事

步骤01

在手机上下载并安装荔枝，打开荔枝，点击"☰"按钮。

步骤02

在打开的页面中选择要收听的电台，这里选择"有声书"选项。

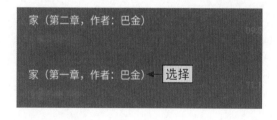

步骤03

进入有声书电台，选择要听的有声书类型，如选择"名著"选项。

步骤04

进入"名著"页面，选择要听的有声书，如选择"家"选项。

步骤05

在打开的页面即可听到最新章节的有声书内容，点击右下角的圆形按钮可进入章节选择页面。

步骤06

进入章节选择页面后，选择要听的章节的有声书即可。

8.2 益智健脑——在网上玩游戏

小精灵，你在电脑上玩什么啊，玩得这么津津有味，我叫了你几声你都没听见。

爷爷，我在电脑上玩斗地主呢，您不是也会斗地主吗，您和我一起来玩吧。

网络上的休闲娱乐方式有很多，除了看视频、听音乐外，还可以玩游戏，让自己的退休生活更丰富。

8.2.1 一个人也能在线斗地主

斗地主是许多人都喜欢玩的纸牌游戏，中老年人的空闲时间比较多，可以在QQ游戏中玩斗地主，为生活增添乐趣。

[跟我做] 在QQ游戏中玩斗地主

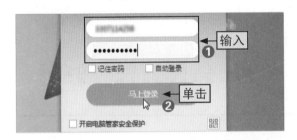

步骤01

在电脑中打开QQ游戏客户端，❶在登录页面输入QQ账号和密码，❷单击"马上登录"按钮。

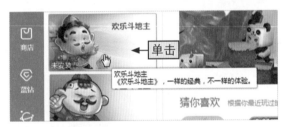

步骤02

进入QQ游戏主页后选择要玩的游戏，这里单击"欢乐斗地主"超链接。

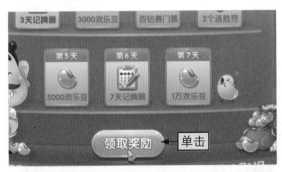

步骤03

程序会自动进行欢乐斗地主的下载和安装并进入欢乐斗地主主页。对于新玩家来说，系统会给予奖励，按照页面提示单击"领取奖励"按钮领取奖励。

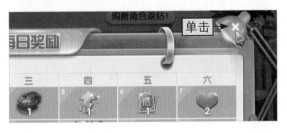

步骤04

奖励领取完成后单击"×"按钮关闭奖励领取对话框。

在QQ游戏中玩欢乐斗地主时，开始游戏后，游戏界面会有是否抢地主、加倍以及出牌等提示，只需根据自己手中的牌的情况单击合适的按钮即可，如图8-2所示。

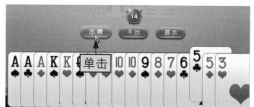

图8-2

8.2.2 在线打麻将，不愁三缺一

对于不喜欢斗地主的中老年人来说，可以选择在QQ游戏中打麻将打发时间，下面以"欢乐麻将全集"为例，来看看具体的操作步骤。

[跟我做] 在线玩欢乐麻将全集

📁 步骤01

在QQ游戏主页单击"游戏库"选项卡。

📁 步骤02

进入游戏检索页面，单击"棋牌休闲"超链接。

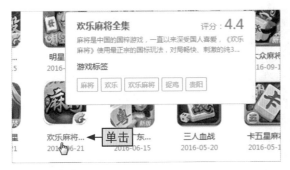

步骤03

在打开的页面中单击"欢乐麻将全集"超链接。

步骤04

在打开的页面中单击"开始游戏"按钮。

步骤05

在打开的页面选择角色，这里保持默认的选择，单击"确定"按钮。

步骤06

在打开的页面中单击"立即领取"按钮。

步骤07

❶进入欢乐麻将全集首页后，选择游戏模式，如单击"血战到底"按钮。❷在打开的页面中选择游戏玩法或单击"快速开始"按钮。

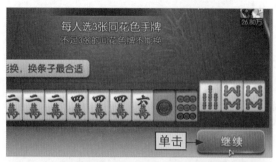

步骤08

进入玩法提示页面，可以根据提示了解游戏玩法，清楚玩法后，单击"继续"按钮。

步骤09

阅读完成所有提示后，单击"我知道了"按钮进入游戏页面。

8.2.3 网页玩小游戏，打发闲暇时间

除了可以通过QQ游戏玩游戏外，还可以利用网页玩各种小游戏。可以玩小游戏的网站有很多，比如4399小游戏（http://www.4399.com/）、7K7K小游戏（http://www.7k7k.com/）等，下面以在4399玩连连看小游戏为例。

[跟我做] 在4399玩连连看小游戏

步骤01

进入4399小游戏首页，单击"连连看"超链接。

步骤02

在打开的页面中选择要玩的连连看小游戏，如单击"宠物连连看挑战"超链接。

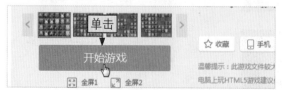

步骤03

在打开的页面中单击"开始游戏"按钮。

步骤04

进入游戏页面后，选择游戏模式，如单击"经典模式"按钮。

步骤05

在打开的页面中选择关卡，即可开始连连看游戏。

8.3

生活难题，轻松解决

 你知道从我们这儿到杜甫草堂要怎么坐车吗？我有一个朋友邀请我今天去杜甫草堂玩。

 嗯，我也记不太清楚了。我可以用地图帮您查查，对了，您也可以学着使用地图，这样随便去到哪儿都不用担心不知道怎么走了。

在日常生活中，常常会遇到各种难题，比如说出门不知道如何坐车、到医院挂号人太多而没有挂到当天的号等，对于这些生活中的难题，都可以利用互联网来解决。

8.3.1 百度地图，导航路线查询公交

百度地图是出行的好帮手，它提供了公交和驾车线路查询、地铁线路图浏览以及查看实时路况等功能。中老年人可以在网页上使用百度地图，也可以在手机上使用百度地图，下面以网页版百度地图为例，来看看如何查询公交路线。

[跟我做] 使用百度地图查询公交路线

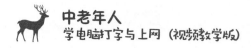

步骤01

进入百度地图首页（https://map.baidu.com/），❶在搜索文本框中输入要查询的目的地（若输入的地点不够精确，可以在弹出的列表中选择更精确的地点），❷单击"路线"按钮。

步骤02

在打开的页面中输入起点，或在地图上选点，❶这里输入地点，❷单击"搜索"按钮。

步骤03

在打开的搜索结果中可以查看到推荐的路线，若要查询路线详情，可单击路线超链接。

步骤04

查询到路线详情后，若不清楚如何步行到公交站牌，可单击"步行"超链接，在地图上查看具体的步行路线。

对于经常外出的中老年人来说，可以在手机上下载百度地图APP，其使用

方法与网页版相似，APP可以实时定位用户所在地的当前位置，这样在查询路线时只需输入终点即可。

8.3.2 找家政，不用再去家政公司

保洁、护理以及家庭搬迁等是日常生活中时有发生的事，目前，找家政也可以通过网约来实现。网上的家政服务平台有很多，可以选择在家政公司的官网上预约家政服务，也可以选择团购的方式，下面以百度糯米为例，来看看如何团购家政服务。

[跟我做] 使用百度糯米团购家政保洁服务

步骤01

进入百度糯米首页（https://www.nuomi.com/），单击"请登录"超链接（没有账号可先注册）。

步骤02

❶在打开的页面中输入账号和密码，❷单击"登录"按钮。

步骤03

登录成功后在返回的页面中的"生活服务"栏中单击"家政服务"超链接。

步骤04

在打开的页面中选择所在区域。

步骤05

在搜索结果中选择家政公司，单击其名称超链接。

步骤06

在打开的页面中选择团单，单击"立即购买"按钮。

步骤07

进入购买页面，单击"立即抢购"按钮。

步骤08

进入订单确认页面，单击"确认"按钮，再完成在线支付即可。

团购成功后，可拨打家政公司电话让其安排人员上门进行家政服务。在家政服务购买页面的"本单详情"栏中可查看到家政公司的联系方式和地址，如图8-3所示。

图8-3

8.3.3 通过挂号平台官网预约挂号

去医院看病，许多人都经历过挂号排长队的痛苦，现在很多医院都开通了网上预约挂号服务，就医前，可通过挂号平台官网、微信公众号或APP进行挂号。下面以114挂号平台为例，其他平台的在线挂号操作类似，只需进入其官网按照页面提示完成挂号即可。

[跟我做] 在114挂号平台在线预约挂号

步骤01

进入四川114挂号平台首页（http://www.scgh114.com/），在打开的页面中选择地区，这里保持默认的地区，选择要挂号的医院，如单击"四川大学华西医院"超链接。

步骤02

在打开的页面中选择医疗单元，单击其名称超链接。

步骤03

在打开的页面中选择医生，单击其超链接。

步骤04

进入预约页面，选择就诊时间，单击"预约"按钮。

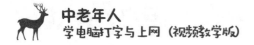

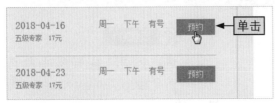

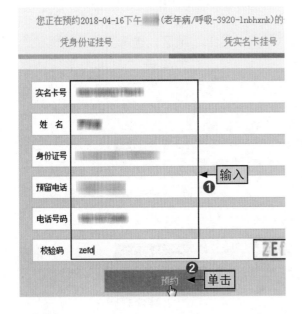

步骤05

进入用户登录页面，❶输入手机号码和密码，❷单击"登录"按钮（没有账号可单击"立即注册"超链接在线注册）。

步骤06

登录成功后在返回的页面中单击"预约"按钮。

步骤07

❶在打开的页面中输入实名卡号（即就诊卡号）、姓名、身份证号、预留电话、电话号码和校验码，❷单击"预约"按钮，提交预约信息后完成在线支付即可挂号成功。

拓展学习｜不同医院挂号规则不同

在114挂号平台预约挂号，根据各医院的规则不同，部分医院可使用身份证和社保卡，但四川大学华西医院等大医院只能使用实名卡，所以没有实名卡，首次预约前需要去医院出示身份证办理，或者去医院合作的银行办理相应的就医银行卡，办理实名卡后才能使用预约挂号功能。在其他挂号平台上预约挂号时，可以在其官网上查看其挂号规则，以了解挂号流程。

第9章

09

开启中老年网上支付与理财生活

学习目标

如今互联网正在逐渐改变人们的生活，支付、网上理财、购物等都变得越来越便捷，对于广大中老年人来说，也可以分享互联网带来的便利，开启自己的网上支付和理财生活。

要点内容

- 开通支付宝
- 绑定银行卡为支付做准备
- 支付宝、微信快捷支付
- 出门旅游网上购买车票
- 手机充话费，快捷又方便
- 水电煤缴费，生活的好帮手
- 理想生活就上淘宝天猫
- 将资金存入余额宝
- 风险承受能力自测
- 理财通，多样化的理财服务
- 订阅开售提醒，抢购快人一步
- 查看理财产品的资产收益

9.1

绑定银行卡，随时支付

 我现在去超市购物看到好多年轻人在付钱时都在用手机付钱，看起来好像挺方便的，都不用找零。

 爷爷，用手机支付确实挺方便的，您也可以尝试用一用，这样以后出门买菜、购物都不用带现金了，直接带一部手机就可以了。

移动支付现在已成为了大部分年轻人最常用的付款方式，但大部分老年人对此还比较陌生，实际上手机支付的付款操作并不难，但想要顺利完成手机付款，还需要注册第三方支付平台账号并绑定个人银行卡。

9.1.1 开通支付宝

支付宝是主流的独立第三方支付平台，其致力于为广大用户提供安全快速的电子支付、网上支付和手机支付体验，对于没有支付宝账号的用户来说，要想使用支付宝进行付款，需要先注册账号。注册支付宝账号可以在支付宝网页端进行，也可以在支付宝APP中进行，下面以网页端注册为例，来看看如何开通支付宝。

[跟我做] 网上在线注册支付宝账号

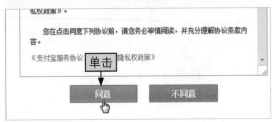

步骤01

进入支付宝首页（https://www.alipay.com/），单击"立即注册"按钮。

步骤02

进入"服务协议及隐私权政策"阅读页面，阅读完成后单击"同意"按钮。

步骤03

进入创建账户页面，❶输入手机号码，❷单击"获取验证码"按钮。

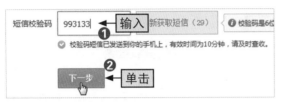

步骤04

❶输入获取的短信校验码，❷单击"下一步"按钮。

步骤05

❶在打开的页面中设置登录密码、支付密码和身份信息，❷单击"确定"按钮。

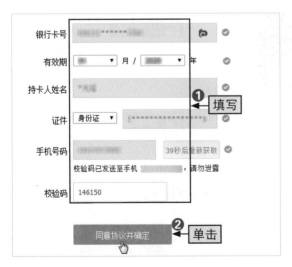

步骤06

进入设置支付方式页面，❶填写银行卡卡号、持卡人姓名、身份证号码等信息，❷单击"同意协议并确定"按钮完成注册。

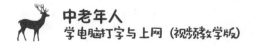
9.1.2 绑定银行卡为支付做准备

注册支付宝账号成功后，用户可登录支付宝，绑定自己常用的银行卡，以方便日后更便捷地进行支付，下面以支付宝APP为例，来看看如何通过手机支付宝绑定个人银行卡。

[跟我做] 通过手机支付宝绑定银行卡

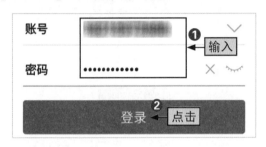

步骤01

在手机中下载并安装支付宝，打开支付宝，❶在登录页面输入账号和密码，❷点击"登录"按钮。

步骤02

登录成功后在首页点击"我的"按钮。

步骤03

在打开的页面中选择"银行卡"选项。

步骤04

进入"银行卡"页面，点击"+"按钮。

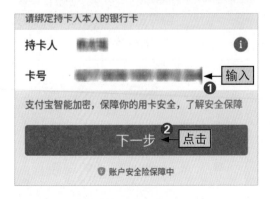

步骤05

进入绑定银行卡页面，❶输入持卡人本人银行卡卡号，❷点击"下一步"按钮。

步骤06

在打开的页面中点击"同意协议并绑卡"按钮。

步骤07

进入"验证手机号"页面，❶输入短信校验码，❷点击"下一步"按钮完成绑卡。

技巧强化l 如何更换扣款方式

使用微信支付同样需要进行银行卡的绑定，在微信绑定银行卡的操作与支付宝相似，只需找到绑定银行卡的入口，再按照页面提示完成操作即可。打开微信，❶点击"我"按钮，❷在打开的页面中选择"钱包"选项。进入"我的钱包"页面，❸点击"银行卡"按钮，❹在打开的页面中点击"+添加银行卡"按钮进行绑定银行卡的操作，如图9-1所示。

图9-1

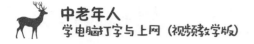

9.2 生活服务，一键搞定

  你看，支付宝和微信中都有"充值中心"、"生活缴费"等按钮，这是不是表示我可以用他们进行手机充值，交水电气费啊？

  爷爷，您真聪明。支付宝和微信不仅提供了支付功能，还提供了许多便捷的生活服务功能，以后您想要充话费或缴纳水电气费都可以在手机中进行。

支付宝和微信都为用户提供了很多便民服务，通过使用这些便民服务功能可以让日常生活更加简单。

9.2.1 支付宝、微信快捷支付

不管是网上付款还是线下付款，都可以使用支付宝或微信进行支付。在线下使用支付宝或微信进行付款时，有两种付款方式，一种是使用付款码进行支付；另一种是扫码支付。

1.使用付款码支付

付款码是一种支付方式，用户到店支付时，可通过向商家展示付款二维码或条码进行支付，下面以支付宝为例，来看看如何使用付款码完成支付。

[跟我做] 在支付宝中使用付款码支付

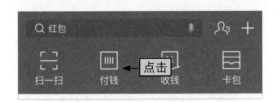

步骤01

打开支付宝，点击"付钱"按钮。

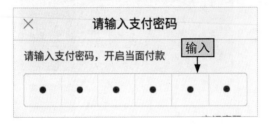

步骤02

在打开的页面中输入支付密码开启当面付款。

在打开的页面中将付款码展示给商家，商家通过使用扫码枪或摄影头，扫描用户的条形码或二维码即可完成交易。

2.扫码支付

扫码支付是指付款用户通过扫描商家展示的收款二维码完成支付，下面以微信支付为例，来看看如何完成扫码支付。

[跟我做] 在微信中使用扫码支付

步骤01

打开微信，点击"发现"按钮。

步骤02

在打开的页面中选择"扫一扫"选项。打开扫码框后扫描商家展示的收款二维码。

步骤03

进入付款页面后，❶输入付款金额，❷点击"付款"按钮。

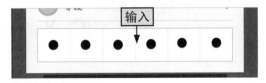

步骤04

在打开的页面中输入支付密码，完成付款。

中老年人
学电脑打字与上网（视频教学版）

拓展学习 | 如何进入微信银行卡绑定入口

使用支付宝或微信支付时，默认选择的一般是支付宝账户余额或微信零钱支付，但如果支付宝账户余额或微信零钱不足以支付当前金额时，程序会自动更换扣款顺序为绑定的银行卡。若默认的银行卡金额不足时，用户可以选择其他银行卡，以扫码支付为例，如在支付宝确认付款页面，❶选择当前默认的扣款方式选项，❷在打开的页面中即可重新选择扣款方式，如图9-2所示。

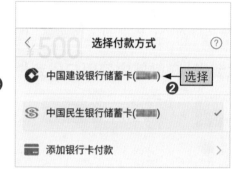

图9-2

9.2.2 出门旅游网上购买车票

　　火车、汽车和飞机是外出旅游常选择的出行方式，而到车站去买票通常需要排队等候，为了避免排队的麻烦，可以选择在网上购买车票。在微信和支付宝中都可以购买车票，下面以在支付宝中购买火车票为例。

[跟我做] 在支付宝中在线购买火车票

步骤01

打开支付宝，在首页点击"更多"按钮。

步骤02

在打开的页面中的"第三方服务"栏中点击"火车票机票"按钮。

步骤03

进入"火车票机票"页面，❶输入出发地和目的地，❷选择乘车日期，❸点击"搜索"按钮。

步骤04

在打开的页面中选择乘车时点。

步骤05

进入火车票详情页面，点击座位等级对应的"立即预订"按钮。

步骤06

在打开的页面中绑定12306账号或直接点击"无账号直接购票"按钮。

步骤07

进入"订单填写"页面，点击"添加/修改乘车人"按钮。

步骤08

在打开的页面中点击"新增成人"按钮。

步骤09

进入乘车人信息填写页面，❶填写姓名和证件号码，❷点击"确定"按钮。

步骤10
在返回的页面中点击"确定"按钮。

步骤11
返回订单填写页面，❶输入联系手机，❷选择座位，❸点击"同意协议并付款"按钮。

步骤12
在打开的提示对话框中点击"下次再说"或"去购买"按钮，这里点击"下次再说"按钮。

步骤13
进入"确认付款"页面，点击"立即付款"按钮，再完成支付即可。

9.2.3 手机充话费，快捷又方便

目前，支付宝和微信都提供了在线话费充值服务，且支持中国移动、中国联通和中国电信手机号码的充值。当手机话费余额不足时，可以选择支付宝或微信快速进行充值，而不用特意去一趟充值网点，下面以在微信中充值为例。

[跟我做] 在微信中为手机号码充值

步骤01

打开微信，进入"我的钱包"页面，点击"手机充值"按钮。

步骤02

在打开的页面中输入手机号码，选择充值金额。

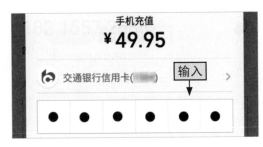

步骤03

进入付款页面，输入支付密码完成支付。

9.2.4 水电煤缴费，生活的好帮手

水电煤是每月都需要缴纳的一笔费用，而使用支付宝或微信，可以让用户实现足不出户就缴纳水电煤费用，下面同样以微信为例，来看看如何缴纳燃气费。

[跟我做] 使用微信足不出户缴纳燃气费

步骤01

打开微信，进入"我的钱包"页面，点击"生活缴费"按钮。

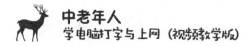
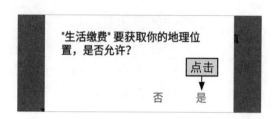

步骤02

在打开的提示对话框中点击"是"按钮。

步骤03

在返回的页面中点击"燃气费"按钮。

步骤04

进入"生活缴费"页面，选择缴费机构。

步骤05

❶在打开的页面中输入用户编号，❷点击"查询账单"按钮。

步骤06

在打开的页面中可以查看到应缴金额，点击"立即缴费"按钮。

进入支付页面，输入支付密码完成燃气费的缴纳。

拓展学习 | 如何查看缴费状态

在微信中缴纳水电煤费用，其要求填写的用户编号可以在催缴账单上找到。缴费成功后，若要查询缴费状态，可在"生活缴费"页面点击"缴费记录"超链接进行查看。缴费状态可能出现3种情况，一种是缴费成功，说明缴纳的费用已成功到账；另一种是缴费待确认，这可能是账单更新存在延迟而导致的，可在3~5个工作日留意最新缴费状态；还有一种为缴费失败，若缴费失败，系统将在5个工作日内发起退款，用银行卡支付的费用将在1~3个工作日到账，零钱支付实时到账。

9.2.5 理想生活就上淘宝天猫

网购是便捷、价廉的购物渠道，对于中老年人来说，也可以在网上购买自己需要的商品。目前，可以网购的网站有很多，比如淘宝网、京东商城等，下面以手机淘宝APP为例，来看看如何网购生活用品。

[跟我做] 在淘宝网购买生活用品

步骤01

打开手机淘宝，❶在搜索文本框中输入要购买的商品，如输入"洗衣液"，❷点击"搜索"按钮。

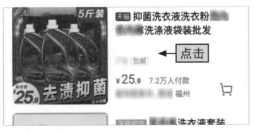

步骤02

在搜索结果中选择要购买的商品，点击其超链接。

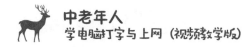
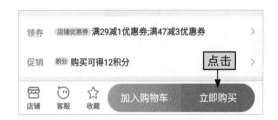

步骤03

进入购买页面，查看商品详情，若要购买则点击"立即购买"按钮。

步骤04

进入"确认订单"页面，设置收货人、联系方式和收货地址。

步骤05

在页面下方点击"提交订单"按钮。

步骤06

进入确认订单页面，点击"立即付款"按钮，再完成支付即可。

9.3 选购理财产品

你要外出啊？我们一起吧，我准备把儿子给我的钱存在银行卡中，这样还可以享受一下活期利息。

爷爷，您可以选择用钱在网上购买一些灵活的理财产品，这样即使要用钱，也可以及时取出，但获得的收益要比活期利息高一些，来我给您推荐一款。

近年来，网上投资理财的群体已越来越广泛，不仅仅是年轻人，许多中老年人也加入了网上理财的队伍。对中老年人来说，比较方便的理财平台是支付宝和微信理财通，下面就来看看如何在支付宝和微信理财通中进行投资理财。

9.3.1 将资金存入余额宝

余额宝是支付宝提供的余额理财服务，把钱转入余额宝就等于购买了由天弘基金提供的天弘余额宝货币市场基金，其风险较小，可获得投资收益，支持随时存取。

1.购买余额宝

从2018年2月1日起，余额宝暂时采用每日9:00限量发售，因此若申购时间太晚，可能会因为余额宝当日总量已满，而无法申购成功，这时可选择次日9:00后再操作转入，下面来看看如何在支付宝中买入余额宝。

[跟我做] 用银行卡里的资金买入余额宝

步骤01

打开手机支付宝，在"我的"页面选择"余额宝"选项。

步骤02

进入"余额宝"页面，点击"转入"按钮。

步骤03

在打开的页面中选择"账户余额"选项。

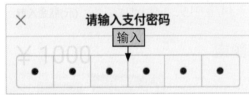

步骤04

进入选择付款方式页面，选择已绑定的银行卡。

步骤05

❶在返回的页面中输入转入金额，❷点击"确认转入"按钮。

确认转入

步骤06

在打开的页面中输入支付密码，完成余额宝的买入。

拓展学习｜什么是货币市场基金

货币市场基金是指仅投资于货币市场工具的公募基金，其主要投资的金融工具有现金、期限在一年以内（含一年）的银行存款、债券回购、中央银行票据、同业存单，剩余期限在397天以内（含397天）的债券、非金融企业债务融资工具、资产支持证券、中国证监会、中国人民银行认可的其他具有良好流动性的货币市场工具。

2.取回余额宝资金

当需要用钱时，可以选择将余额宝中的资金转出到账户余额或银行卡。将余额宝资金转出至账户余额，单日单月无额度限制；将余额宝资金转出至银行卡，不同银行可转出的额度会有所不同，具体以页面提示为准。当选择转出至银行卡后，页面会显示限额和到账时间。到账时间有两种，包括快速到账和普通到账，在转出时可以选择到账时间，下面来看看如何取出余额宝资金至银行卡。

[跟我做] 将余额宝资金转出至银行卡

步骤01

进入"余额宝"页面，点击"转出"按钮。

步骤02

❶在打开的页面中选择转出的银行卡，❷输入转出金额。

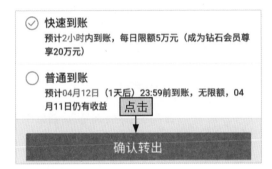

步骤03

选择转出方式，这里保持默认的转出方式不变，点击"确认转出"按钮。最后在打开的页面中输入支付密码即可。

9.3.2 风险承受能力自测

除了余额宝外，支付宝还提供了其他理财产品，有理财需求的中老年人可以根据各自的风险承受能力选择风险、收益不同的理财产品。不清楚个人风险承受能力的中老年人可以在支付宝中进行风险承受能力的自测，具体操作如下。

[跟我做] 测试风险类型，了解风险承受能力

步骤01

在手机支付宝"我的"页面选择"蚂蚁财富"选项。

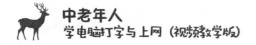

步骤02

进入"精选"页面，点击
"资产"按钮。

步骤03

在打开的页面中选择"风险
类型"选项。

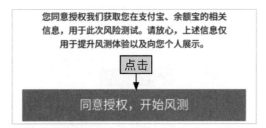

步骤04

进入"风险测试"页面，点
击"同意授权，开始风测"
按钮。

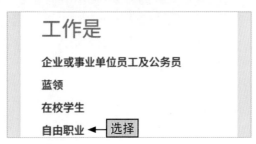

步骤05

在打开的页面中根据自身情
况选择风险测试题选项。

步骤06

根据页面提示完成测试题
后，在打开的页面中确认测
试题信息，若需要修改，则
选择相应的选项进行修改，
确认后点击"确认无误，提
交"按钮。

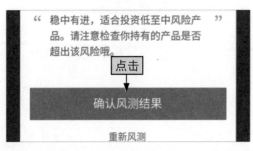

步骤07

在打开的页面中可以查看到
风险类型，点击"确认风测
结果"按钮。

在打开的页面中可以查看到
适合自己的风险类型的理财
方式。

技巧强化l 根据风险类型选择理财产品

清楚个人的风险承受能力后，可在"精选页面"点击"理财"按钮，进入"理财"页
面后，可以查看到支付宝提供的各种理财产品，在该页面还可以看到不同理财产品
的风险和收益率，此时就可根据个人的风险承受能力选择不同的理财产品，如图9-3
所示。

图9-3

9.3.3 理财通，多样化的理财服务

理财通是腾讯官方理财平台，其为用户提供了多样化的理财服务，包括货
币基金、定期产品、保险产品和券商产品。下面以购买定期产品为例，来看看
如何在理财通中购买理财产品。

[跟我做] 在理财通上购买理财产品

打开微信，在"我的钱包"
页面点击"理财通"按钮。

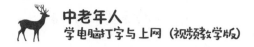

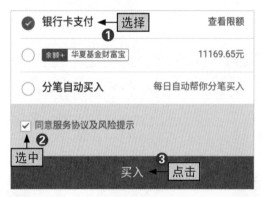

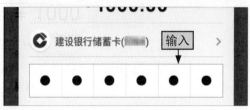

步骤02

进入"腾讯理财通"页面，点击"理财"按钮。

步骤03

进入理财产品查看页面，点击"定期产品"按钮。

步骤04

在打开的页面中选择要购买的定期产品。

招商招利月度理财

4.6410%

近七日年化

步骤05

进入购买页面，点击"买入"按钮，输入购买金额。

步骤06

❶选择支付方式，这里保持默认的银行卡支付方式不变，❷选中"同意服务协议及风险提示"复选框，❸点击"买入"按钮。

步骤07

在打开页面中输入支付密码，完成定期理财产品的买入。

9.3.4 订阅开售提醒，抢购快人一步

理财通为有投资理财需求的用户提供了开售提醒功能，中老年朋友可订阅自己感兴趣的理财期限或产品类型，当有符合需求的产品开售后，理财通会第一时间提醒用户，让用户不错过好的理财产品。

[跟我做] 订阅1～3个月期限的开售提醒

步骤01

在"腾讯理财通"页面点击"我的"按钮。

步骤02

在打开的页面中选择"开售提醒"按钮。

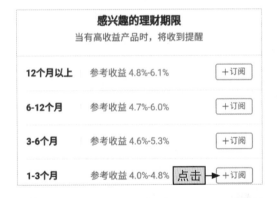

步骤03

在打开的页面中选择自己感兴趣的理财期限，如点击"1-3个月"后的"+订阅"按钮。

步骤04

在打开的提示对话框中点击"我知道了"按钮。

订阅开售提醒后，还需要关注"腾讯理财通"公众号，这样当有符合需求的产品开售时，公众号会第一时间推送消息提醒用户。

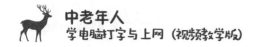
9.3.5 查看理财产品的资产收益

在理财通买入理财产品后，可随时查看不同产品所获得的收益，下面来看看如何查看已买入产品的累计收益。

[跟我做] 查看已买入的理财产品的累计收益

步骤01

在"腾讯理财通"页面可以查看到当前总资产和昨日收益，要查看单个理财产品的收益则点击"▸"按钮。

步骤02

在打开的页面中可以查看到已买入的不同理财产品的资产、累计收益和昨日收益，若要查看详情则选择理财产品选项。

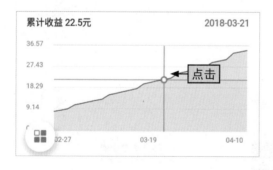

步骤03

进入产品详情页面，将手指移至曲线图上并点击，可以查看过去某一天的累计收益。

第10章

电脑上网安全防护和故障排除

学习目标

互联网方便了人们的生活，但由此带来的安全问题也不能忽视，为了保证上网环境的安全，中老年人要懂得电脑日常维护的方法。另外，在电脑使用过程中，也或多或少会出现各种故障，这时就要求中老年人掌握一定的故障排除方法。

要点内容

- 360一键体检，查出问题
- 查杀病毒及木马
- 进行常规的修复系统漏洞
- 网购先赔进行网购防护
- 系统防火墙保护电脑
- WiFi显示已连接但上不了网
- QQ能登录但网页打不开
- 电脑突然无法上网怎么办
- 网页打开很慢怎么办
- 新手机无法连接到无线网络

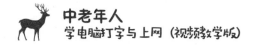
10.1

360一键体检，查出问题

我的电脑是怎么回事啊？这两天在使用过程中总会莫名其妙地死机，导致我在打游戏时被迫下线了。

这可能是因为您的电脑中病毒了，病毒打开了许多文件，使得内存占用过大，导致电脑死机，您可以使用360杀毒软件查杀一下，看看电脑有没有中病毒。

　　360安全卫士是一款上网安全软件，其提供了很多安全防护功能，包括浏览器防护、系统防护、隔离防护等。这些安全防护功能可以保护上网及隐私安全，实时拦截恶意程序、盗号木马，提升防御能力，保护电脑系统的安全。而360杀毒软件是一款云安全杀毒软件，能快速、全面地诊断系统安全状况和健康程度，并进行精准修复。

10.1.1 360一键体检，查出问题

　　电脑也会"生病"，定期对电脑进行体检，可以让电脑随时保持健康状态，下面来看看如何使用360安全卫士对电脑进行一键体检。

[跟我做] 用360安全卫士为电脑进行一次体检

步骤01

在电脑桌面双击360安全卫士快捷图标。

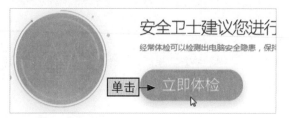

步骤02

打开360安全卫士后，单击"立即体检"按钮。

步骤03

程序会自动检测电脑存在的问题，单击"一键修复"按钮进行修复。

10.1.2 查杀病毒及木马

当电脑出现莫名的内存不足、无故打开多个网页、未知文件被复制了很多个等情况时，那么电脑很可能就已经中病毒或木马了，这时可以使用360杀毒和360安全卫士进行病毒和木马的扫描和查杀。

1.扫描病毒

对于一般的木马病毒，360安全卫士就可以清理，但如果电脑中存在比较顽固的病毒，就需要使用360杀毒软件进行清理。

[跟我做] 用360杀毒软件检测电脑是否存在病毒

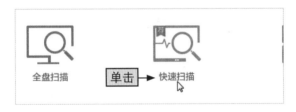

步骤01

打开360杀毒软件，选择扫描类型，这里单击"快速扫描"按钮。

步骤02

程序会自动进行扫描，扫描完成后单击"立即处理"按钮进行处理。

技巧强化 | 进行宏病毒扫描

360杀毒软件还提供了宏病毒的扫描功能，❶在软件主界面单击"宏病毒扫描"按钮，在打开的"360杀毒"对话框中，❷单击"确定"按钮进行宏病毒的扫描，如图10-1所示。

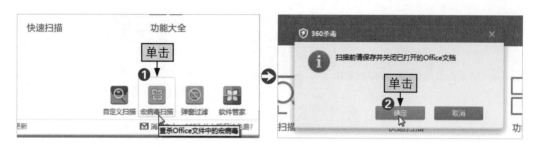

图10-1

2.查杀木马

木马会影响电脑的正常运行，养成定期查杀木马的好习惯将对电脑的木马防护起重要作用。

[跟我做] 用360安全卫士查杀木马

步骤01

在360安全卫士主界面单击"木马查杀"按钮。

步骤02

在打开的页面中单击"快速查杀"按钮。

步骤03

程序会自动进行扫描，若有木马病毒则进行清理，若没有则单击"完成"按钮或"强力模式"超链接进行查杀。

10.1.3 进行常规的修复系统漏洞

除了前面提到的功能外，360安全卫士还提供了"系统修复"功能，其可以帮助修复异常系统。

[跟我做] 用360安全卫士修复异常系统

步骤01

在360安全卫士主界面单击"系统修复"按钮。

步骤02

在打开的页面中单击"全面修复"按钮。

步骤03

扫描完成后,若发现有潜在危险项,则单击"一键修复"按钮进行修复。

10.2 网络安全防护,不能忽视

我听身边的朋友说,网上购物很不安全,有人在网购过程中被盗号了,还损失了资金,我现在都不敢在网上购物了。

爷爷,如果您担心网购过程中的安全问题,可以在360安全卫士中开启网购先赔功能,它可以做您网购过程中的"保镖"。

在电脑中安装了360安全卫士后,360安全卫士会保护上网安全,但为了进一步保证电脑上网过程中的安全,还可以加强电脑上网过程中的防护功能。

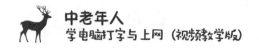
10.2.1 网购先赔进行网购防护

网购先赔是指在360安全卫士保护下的网购行为，若因木马、欺诈网站导致财产损失，可获一定金额的赔付，下面来看看如何开启网购先赔。

[跟我做] 开启360网购先赔

步骤01

在360安全卫士主界面单击"网购先赔"按钮。

步骤02

进入"360网购先赔服务"页面，单击"立即开启"按钮开启网购先赔。

步骤03

在打开的页面中可以查看到网购保护已开启。

步骤04

开启网购先赔后，进入任意网购平台时，浏览器右侧会弹出"网购先赔"对话框。

10.2.2 系统防火墙保护电脑

除了第三方安全工具外，中老年人也可以使用Windows操作系统自带的防火墙工具来保护上网过程中的网络安全。

[跟我做] 开启Windows操作系统的防火墙

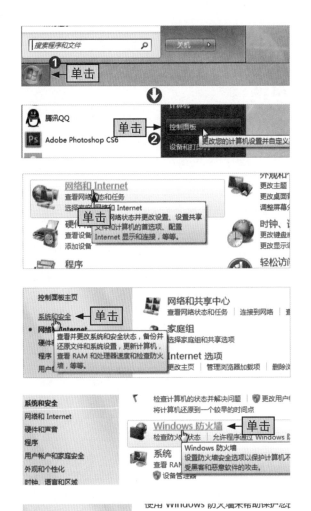

步骤01

❶单击"开始"按钮，❷在弹出的"开始"菜单中单击"控制面板"按钮。

步骤02

打开"控制面板"窗口，单击"网络和Internet"超链接。

步骤03

在打开的窗口中单击"系统和安全"超链接。

步骤04

打开"系统和安全"窗口，单击"Windows防火墙"超链接。

步骤05

打开"Windows防火墙"窗口，单击"打开或关闭Windows防火墙"超链接。

步骤06

❶在打开的窗口中可进行网络的自定义设置，❷设置完成后单击"确定"按钮。

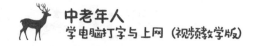
10.3 网络常见故障排除

小精灵，你快来帮我看看，不知道怎么回事，我能搜索到家里的Wi-Fi信号，但是无法上网。

爷爷，Wi-Fi显示已连接但上不了网的原因可能有多种，您需要逐一排查，我来给您说说排查方法吧。

在互联网时代，网络的重要性不言而喻，在家中用手机聊微信，用电脑玩游戏，都需要使用网络，但如果网络出现了故障又该怎么办呢？

10.3.1 Wi-Fi显示已连接但上不了网

Wi-Fi显示已连接但上不了网是常见的网络故障，大多数时候是由于路由器联网不成功引起的，故障排查可以按以下几个步骤。

1.查看路由器联网状态

如果Wi-Fi显示已连接但上不了网，第一种情况可能是由于路由器本身与运营商服务器之间未连接而造成的，因此首先要排查的是路由器能否联网，具体方法有以下两种。

[跟我学] 检查路由器联网是否成功

● **方法一** 用一根网线同时连接路由器和电脑，查看电脑能否正常上网，若电脑也不能正常上网，那么可以判定路由器联网不成功。

● **方法二** 进入路由器的设置界面，查看路由器的"WAN口状态"信息，看是否连接成功。具体方法为，打开任意浏览器，在浏览器地址栏输入路由器的IP地址（如192.168.0.1），❶在打开的对话框中输入路由器管理员账户和密码，❷单击"确定"按钮。在打开的页面中查看"WAN口状态"信息，如图10-2所示。若显示的IP地址、子网掩码、网关、DNS全部是0，则说明路由器联网不成功（不同的路由器登录后界面显示方式会有所不同，但基本内容相似）。

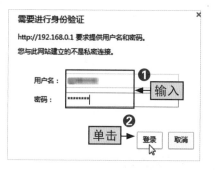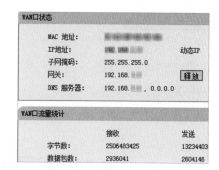

图10-2

若路由器之前能正常上网，但当前联网不成功，可以用网线直接连接电脑，而不通过路由器，看电脑能否上网，若电脑也不能正常上网，那么通常原因是宽带线路有问题，此时可以拨打宽带服务商的电话询问进行故障申报。

2.路由器联网成功时的解决办法

若路由器联网是成功的，但不能使用Wi-Fi上网，那么可能是由于路由器设置不合理造成的，具体解决方法有以下几种。

[跟我学] 对路由器进行设置

● **克隆MAC地址** 登录路由器后，在"MAC地址克隆"页面，单击"克隆MAC地址"按钮，单击"保存"按钮，如图10-3所示。

图10-3

● **关闭无线MAC地址过滤** 登录路由器后，在"无线网络MAC地址过滤设置"页面关闭路由器中的MAC地址过滤，如图10-4所示。

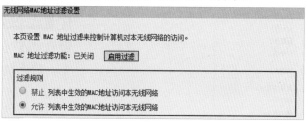

图10-4

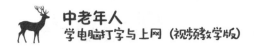

● **重启路由器** 将路由器电源插头拔掉，重新连接电源，看是否能正常上网，若不能，可以按住路由器机身中的复位按钮（一般为Reset、WPS/Reset、Default等），让路由器恢复出厂设置，然后重新设置路由器的Wi-Fi名称和Wi-Fi密码，如图10-5所示。

图10-5

10.3.2 QQ能登录但网页打不开

在上网的过程中，可能会遇到能使用路由器上网登录QQ，但打不开任何网页的情况。这种情况一般是由于DNS服务器错误导致的，若路由器开启了DHCP服务，中老年人可通过以下方法解决。

[跟我做] 将本地连接的IP地址设置为自动获取

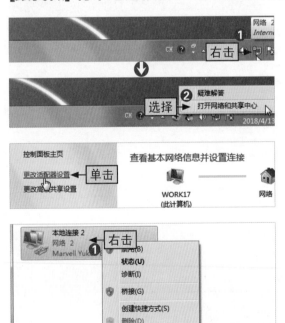

步骤01

❶右击电脑桌面右下角的按钮，❷在弹出的快捷菜单中选择"打开网络和共享中心"命令。

步骤02

在打开的窗口中单击"更改适配器设置"超链接。

步骤03

❶在当前使用的连接上右击，❷选择"属性"命令。

步骤04

在打开的"属性"对话框中，❶选择"Internet协议版本 4"选项，❷单击"确定"按钮。

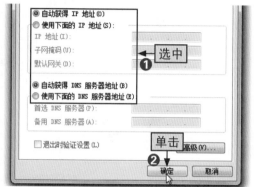

步骤05

❶在打开的对话框中选中"自动获得 IP 地址"和"自动获得 DNS 服务器地址"单选按钮，❷单击"确定"按钮。

拓展学习 | DNS地址的作用

DNS是指域名系统，若DNS服务器地址设置错误，要访问网页就只能通过IP地址实现，而不通过域名访问。

10.3.3 电脑突然无法上网怎么办

中老年人可能会遇到正常使用电脑的过程中突然无法联网或开机后联不上网的情况。特别是在使用无线网络的情况下，更容易出现这种问题，这时可以采用以下几种方法来解决这一故障。

[跟我学] 3种方法解决电脑突然无法上网的问题

● **疑难解答自动检测** ❶右击▣按钮，❷在弹出的快捷菜单中选择"疑难解答"命令，系统会打开"Windows网络诊断"对话框，进行网络的自动诊断，诊断过程中若能解决问题，系统会自动进行修复，若修复成功，则一般能正常上网，❸最后单击"关闭"按钮关闭对话框，如图10-6所示。

图10-6

● **在网络共享中心中自动诊断** 右击 按钮，❶在弹出的快捷菜单中选择"打开网络和共享中心"命令，在打开的窗口中可以查看到网络连接示意图，通常在连接有问题的地方会出现红色的叉号或黄色的叹号，❷此时单击红色的叉号或黄色的叹号，系统会打开"Windows网络诊断"对话框，进行网络的自动诊断，修复成功后单击"关闭"按钮关闭对话框，如图10-7所示。

图10-7

● **手动进行修改** 若自动检测无法解决网络问题，这时可进行手动修改。打开网络和共享中心，❶单击"更改适配器设置"超链接。右击"本地连接"（若使用的是无线网络，则会显示"无线网络连接"），❷选择"诊断"命令，看能否解决问题，若不能则关闭对话框后右击"本地连接"，❸选择"禁用"命令，右击"本地连接"，❹选择"启用"命令，如图10-8所示。

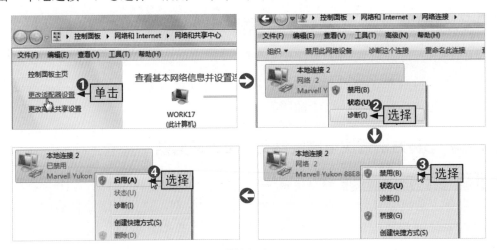

图10-8

10.3.4 网页打开很慢怎么办

随着中老年朋友电脑使用次数的增多，会发现打开网页的速度会变慢，这可能是因为电脑磁盘内存不足造成的，可以通过清理磁盘空间来解决这一问题。

[跟我做] 清理C盘的磁盘空间

步骤01

在"开始"菜单中单击"计算机"按钮。

步骤02

在打开的窗口中选择C盘并右击，选择"属性"命令。

步骤03

打开"磁盘清理"对话框，系统会自动计算可释放的空间。完成计算后，❶在打开的对话框中选中要删除的文件的复选框，❷单击"确定"按钮进行磁盘清理。

10.3.5 新手机无法连接到无线网络

在日常使用无线网络的过程中，可能会出现以前使用的手机能正常连接无线网络，但新买的手机却无法连接无线网络的情况。常用的解决方法如下所示。

[跟我做] 添加新设备到MAC地址中

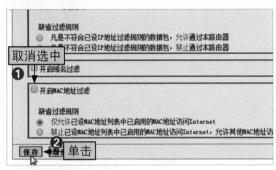

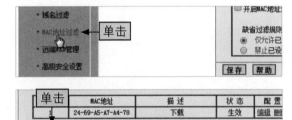

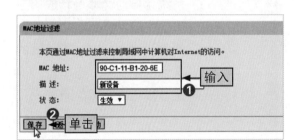

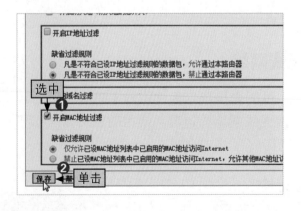

步骤01

登录路由器管理页面，单击"安全设置"超链接。

步骤02

在打开的"防火墙"设置页面中查看是否已开启MAC地址过滤功能，❶取消选中"开启MAC地址过滤"复选框，❷单击"保存"按钮。

步骤03

单击"MAC地址过滤"超链接。

步骤04

在打开的页面单击"添加新条目"按钮。

步骤05

❶在打开的页面中输入要添加的设备的MAC地址和描述，❷单击"保存"按钮。

步骤06

返回"防火墙设置"页面，❶选中"开启MAC地址过滤"复选框，❷单击"保存"按钮。

技巧强化| 如何查看手机的MAC地址

从前面的操作可以看出，要在路由器中添加新设备，需要知道新设备的MAC地址，下面来看看如何查看手机的MAC地址（不同手机界面显示方式不同，但基本操作类似）。在手机主页下滑屏幕，❶点击"设置"按钮，❷在打开的页面中选择"关于手机"选项。进入"关于手机"页面，❸选择"状态信息"选项，在打开的页面中即可查看到手机的MAC地址，如图10-9所示。

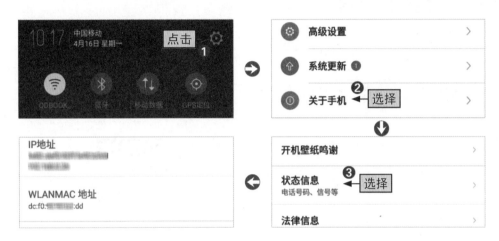

图10-9

10.3.6 如何进行网络故障报修

当家中的网络出现了故障，且自己尝试了很多方法仍无法解决，这时可以向宽带运营商报障，比较简单的报障方式是登录运营商的网上营业厅进行在线报障，下面以在中国移动网上营业厅进行宽带报障为例。

[跟我做] 在中国移动官网进行宽带报障

步骤01

进入中国移动网上营业厅首页（http://www.10086.cn/），单击"请登录"超链接。

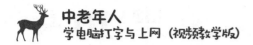

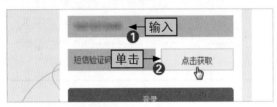

步骤02

在打开的页面中单击"短信随机码登录"超链接。

步骤03

❶在打开的页面中输入手机号码，❷单击"点击获取"按钮。

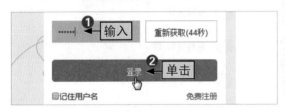

步骤04

❶输入短信验证码，❷单击"登录"按钮。

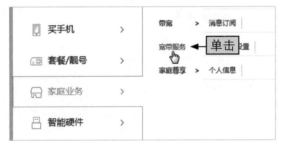

步骤05

登录成功后，在首页"家庭业务"栏中单击"宽带服务"超链接。

步骤06

在打开的页面中单击"故障申报"超链接。

步骤07

进入故障申报页面，❶填写宽带账号、故障类型以及联系人等信息，❷滑动滑块进行验证，❸单击"申报"按钮进行申报。

在上网过程中，若网页或视频打开速度较慢，还可以通过宽带测速的方式来了解是不是因为网络速度较慢导致的。测速的方法很简单，进入"https://fast.com/"网页即可快速进行测速，如图10-10所示。

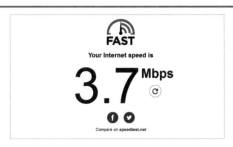

图10-10

10.3.7 如何解决手机自身Wi-Fi故障

如今，中老年人用手机连接Wi-Fi上网已是日常生活中的常态，如果无线路由器本身没有问题，但手机连接不上Wi-Fi，或连接上了却不能上网，又该如何解决呢？具体有以下几种解决办法，涉及WLAN界面，不同手机显示内容不同。

[跟我学] 手机Wi-Fi出现异常的几种解决方法

● 关闭并重启Wi-Fi 关闭并重启Wi-Fi是比较简单的解决方法，进入手机设置页面，❶选择"WLAN"选项，❷在打开的页面中点击WLAN按钮关闭当前已开的WLAN，再次点击按钮开启WLAN，完成重启Wi-Fi连接的操作，如图10-11所示。

图10-11

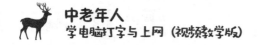

● **取消保存网络后重连** 若重启WLAN后没有解决问题，❶可以在"WLAN"页面点击当前连接的Wi-Fi的ⓘ按钮，❷进入Wi-Fi网络详情页面，点击"取消保存网络"按钮，重新输入Wi-Fi密码后连接Wi-Fi，如图10-12所示。

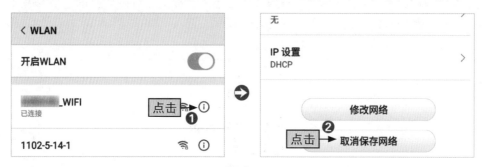

图10-12

● **查看代理设置** 有时手机Wi-Fi故障是因为代理设置导致的，这时只需将代理设置更改为"无"记录。在当前连接的Wi-Fi网络的详情页面，❶选择"代理"选项，❷在打开的页面中选择"无"选项，如图10-13所示。

图10-13

● **关闭WLAN省电模式** 若手机Wi-Fi经常出现问题，可以尝试关闭WLAN省电模式来解决。❶在"WLAN"页面点击"高级"按钮，❷在打开的页面中点击"WLAN省电模式"按钮，关闭WLAN省电模式，如图10-14所示。

图10-14

● **重装系统或升级系统** 手机系统问题也可能导致手机已连接上Wi-Fi，但无法上网，此时可以将手机恢复出厂设置、重装系统或进行系统更新升级来解决。

10.4

IE浏览器常见故障排除

 我今天进入QQ空间看朋友动态，发现QQ空间的图片显示不正常，有的还显示不了，不知道怎么回事儿。

 这是使用IE浏览器比较常见的一个问题，您可以通过Internet选项的高级功能设置来解决。

在使用IE浏览器的过程中，可能或多或少都会遇到一些问题，比如播放在线视频出现死机或蓝屏现象、QQ空间图片不能正常显示等，下面来看看解决这些问题的办法。

10.4.1 播放在线视频出现死机或蓝屏现象

若使用IE浏览器频繁出现死机或蓝屏等现象，可以通过取消Flash硬件加速来解决，具体操作如下所示。

[跟我做] 取消Flash硬件加速

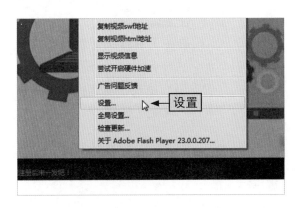

✎ **步骤01**

在视频播放窗口右击，在弹出的快捷菜单中选择"设置"命令。

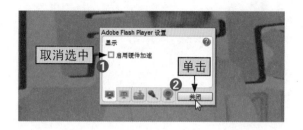

步骤02

❶在打开的"Adobe Flash
Player 设置"对话框中取消
选中"启用硬件加速"复选
框，❷单击"关闭"按钮。

10.4.2 QQ空间图片显示不正常或不显示

中老年人在浏览QQ空间时，若QQ空间的图片显示不正常或不显示，可以
通过Internet选项的高级功能设置来解决，具体操作如下。

[跟我做] 对Internet选项的高级功能进行设置

步骤01

在IE浏览器菜单栏选择"工
具/Internet选项"命令。

步骤02

在打开的对话框中单击"高
级"选项卡。

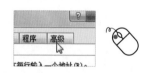

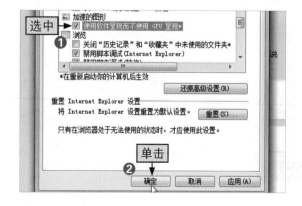

步骤03

❶在"设置"列表框中选中
"使用软件呈现而不使用
GPU呈现"复选框，❷单击
"确定"按钮。

10.4.3 首次开机响应速度慢，需要数秒

电脑开机后，首次使用IE浏览器，若网页的响应速度比较慢，可以通过局域网设置来解决。

[跟我做] 对局域网设置取消自动检测

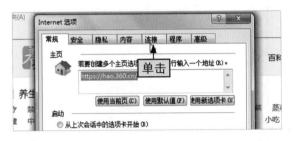

步骤01

进入IE浏览器的"Internet选项"对话框中，单击"连接"选项卡。

步骤02

在"局域网（LAN）设置"中单击"局域网设置"按钮。

步骤03

❶在打开的对话框中取消选中"自动检测设置"复选框，❷单击"确定"按钮。

10.4.4 网页一直刷新失败

当某些网页打不开或出现打开异常时，通常会通过按【F5】键，以刷新的方式来解决，若重复刷新网页仍出现异常，可通过禁用脚本调试来解决。

[跟我做] 对Internet选项设置禁用脚本调试

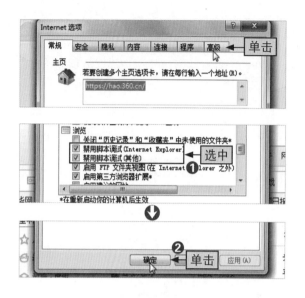

步骤01

打开"Internet选项"对话框，单击"高级"选项卡。

步骤02

❶在打开的页面中选中"禁用脚本调试"复选框，❷单击"确定"按钮。

10.4.5 IE浏览器无法正常响应

IE浏览器无法正常响应的原因有多种，可能是因为个人操作习惯或电脑硬件等问题导致的，常见的解决办法有以下几种。

[跟我学] 几种方法解决IE无法响应的问题

● **清理IE浏览器缓存** 打开IE浏览器"Internet选项"对话框，❶单击"删除"按钮，❷在打开的对话框中选中要删除的历史记录的复选框，❸单击"删除"按钮，在返回的对话框中单击"确定"按钮，如图10-15所示。

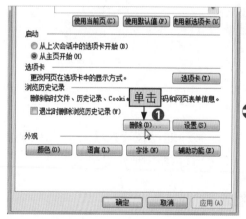

图10-15

● **重置为默认设置** 打开IE浏览器"Internet选项"对话框，单击"高级"选项卡，❶在打开的页面中单击"重置"按钮。❷在打开的对话框中选中"删除个人设置"复选框，❸单击"重置"按钮，在返回的对话框中单击"确定"按钮。如图10-16所示。

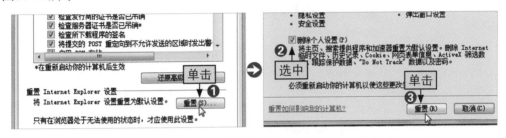

图10-16

● **禁用可疑插件** 打开IE浏览器，❶选择"工具/管理加载项"命令，❷在打开的对话框中选择插件，❸单击"禁用"按钮，如图10-17所示。

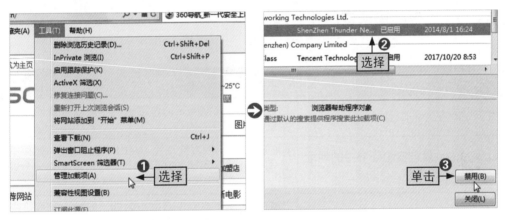

图10-17

若尝试各种操作后，IE浏览器仍未响应，可以选择卸载IE浏览器后重装，或使用其他浏览器。

10.4.6 网页提示证书错误

在使用IE浏览器浏览网页时，中老年朋友有时会收到"证书错误"的提示消息，通知网站的安全证书有问题，如图10-18所示，这是怎么回事呢？

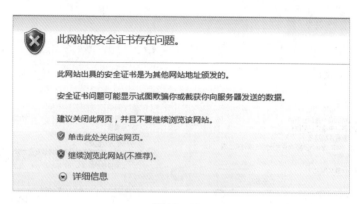

图10-18

1.证书错误意味着什么

不同的安全证书提示消息，意味着不同的含义，常见的几种提示和含义如表10-1所示。

[跟我学] 证书的错误提示和含义

表10-1

提示内容	代表含义
此网站的安全证书已被吊销	这通常意味着该网站通过欺骗的手段获取或使用安全证书
此网站的地址与安全证书中的地址不匹配	网站正使用已颁发给其他 Web地址的证书。如果某公司拥有若干网站，并且对多个网站使用同一个证书，则可能会出现此错误
此网站的安全证书已过期	当前日期早于或晚于证书有效期。网站必须向证书颁发机构续订它们的证书，以使证书保持最新。过期的证书可能存在安全风险
此网站的安全证书不是来自于受信任的源	证书由Internet Explorer无法识别的证书颁发机构颁发。钓鱼网站通常使用会触发此错误的伪造证书
Internet Explorer 发现此网站的安全证书有问题	Internet Explorer发现某个证书存在不与其他任何错误匹配的问题。原因可能是证书已损坏、被篡改、以未知格式写入或无法读取

2.面对证书错误的提示应该怎么办

面对证书的错误提示，有两种解决办法，一种是关闭当前网页，另一种是在确信网站的标识无误，是无风险的安全网站的前提下，可以单击"继续浏览此网站"超链接浏览网站。有时，之所以安全的网站也会被提示证书错误，是因为浏览器的安全级别设置得太高而造成的，可以按照以下步骤进行设置来解决这个问题。

[跟我做] 设置IE浏览器的安全级别

步骤01

打开"Internet选项"对话框，单击"安全"选项卡。

步骤02

在打开的页面中单击"自定义级别"按钮。

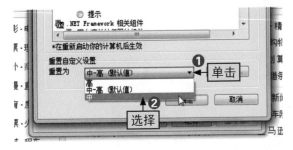

步骤03

❶在打开的对话框中单击"重置为"下拉按钮，❷在打开的下拉列表中选择安全级别，这里选择"中"选项。

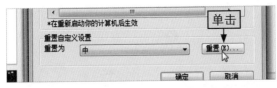

步骤04

完成自定义设置后单击"重置"按钮。

步骤05

在打开的"警告"对话框中单击"是"按钮。

步骤06

在返回的对话框中单击"确定"按钮。

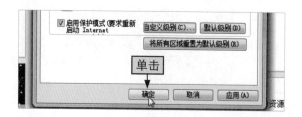

⚡ **步骤07**

在返回的 "Internet选项" 对话框中单击 "确定" 按钮。

10.4.7 IE浏览器窗口无法自动最大化

在使用IE浏览器的过程中，可能会出现每次打开浏览器窗口显示的都不是最大化窗口的情况，这时如果要使浏览器窗口最大化，则需要手动单击 "最大化" 按钮，为了避免重复操作的麻烦，可以设置IE浏览器启动时自动最大化。

[跟我做] 设置IE浏览器窗口启动时自动最大化

⚡ **步骤01**

❶单击 "开始" 按钮，❷选择 "所有程序/附件/运行" 命令。

⚡ **步骤02**

❶在打开的 "运行" 对话框中输入 "regedit" 命令，❷单击 "确定" 按钮。

⚡ **步骤03**

在注册表编辑器中，展开HKEY_USERS\.DEFAULT\Software\Microsoft\Internet Explorer\Main目录。

步骤04

右击"Window_Placement"，在弹出的快捷菜单中选择"删除"命令。

10.4.8 文本显示混在一起

在浏览网页时，可能会遇到打开的页面中图像和文字显示有问题的情况，比如图像不显示、菜单位置不对、文本混在一起显示等。这可能是因为IE浏览器和访问的站点之间的兼容性问题所引起的，可以通过将站点添加到"兼容性视图"列表中来解决该问题。

[跟我做] 将站点添加到"兼容性视图"列表中

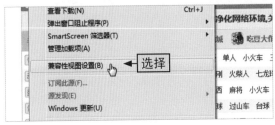

步骤01

在需要添加到兼容性视图列表中的网页中，选择"工具/兼容性视图设置"命令。

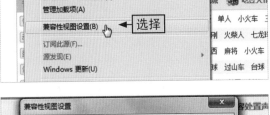

步骤02

在打开的对话框中会自动输入网站地址，单击"添加"按钮。

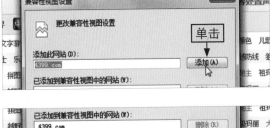

步骤03

添加成功后单击"关闭"按钮，关闭对话框。